게 읽는 공공디자인 북시리즈 02

도시디자인 프로젝트

최인규 지음

도시디자인 프로젝트란 도시가 가지고 있는 자원인 자연, 거리, 극장, 오픈스페이스, 건축공간 등과 같은 도시디자인 자원을 도시이미지와 브랜드향상을 위해 리모델링 리컨스트럭처링 하는 것을 말한다.

도시디자인 프로젝트

도시디자인 프로젝트란 도시가 가지고 있는 자원인 자연, 거리, 극장, 오픈스페이스, 건축공간 등과 같은 도시디자인 자원을 도시이미지와 브랜드향상을 위해 리모델링, 리컨스트럭처링 하는 것을 말한다.

최인규 崔仁圭

서울대학교 산업디자인과를 졸업하였으며 동대학원에서 석사과정을 마치고 박사과정을 진행하고 있다. 인제대학교 디자인학부 교수로 재직하고 있으며 한국공공디자인학회 학술분과 상임이사로 활동하고 있다.

서울대, 연세대, 고려대, 성신여대 등에서 강의하였으며 현재는 서울특별시청 디자인서울총괄본부 디자인지원실장으로 공공디자인 실무를 진행하고 있다. 서울상징, 서울색, 서울서체, 디자인서울 가이드라인 실무에 참여하였다. 서울디자인올림픽 2008에서는 서울디자인비전관을 기획하였으며, 공공디자인 이론서인 [역사로 보는 도시문화디자인] 등의 저서를 가지고 있다. 서울의 중세 및 근현대 공간을 탐방하고 있으며 공공디자인, 도시디자인, 공간디자인 학제에서 새로운 교수프로그램과 교수방법에 관심을 가지고 있다.

게 읽는 공공디자인 북시리즈 02

도시디자인 프로젝트

최인규 지음

도시디자인 프로젝트란 도시가 가지고 있는 자원인 자연, 거리, 극장, 오픈스페이스, 건축공간 등과 같은 도시디자인 자원을 도시이미지와 브랜드향상을 위해 리모델링 리컨스트럭처링 하는 것을 말한다.

머리말

도시는 매일 변해가고 있다. 살아가는 사람들에 의해서도 변해가고 있으며 야심 찬 계획가에 의해서도 변해가고 있다. 이러한 도시는 정치가, 건축가, 도시계획가, 정복자 등 수많은 사람들의 공동작품이다. 이러한 도시들의 변화는 크고 방대해서 일상의 관심이 되기에는 거창하다. 그러나 도시를 조감할 수 있는 시대가 되면서 사람들은 도시의 역사, 도시계획의 역사가 매우 궁금해 한다.

[도시디자인 프로젝트]라는 책을 기획하면서 우리가 알고 있는 도시들이 어떤 사람들에 의해서 어떻게 기획되었는지를 알고 싶었다. 두꺼운 [도시의 역사]라는 책을 보지 않더라고 도시의 맥락을 알고 싶었다. 두 번째는 서양의 도시뿐만 아니라 동양 도시의 역사를 알고 싶었다. 한국의 도시를 비롯하여 중국, 일본의 도시를 알고 싶었고, 역사 속에 존재하였던 고구려, 발해, 고려의 도시를 알고 싶었다. 도시는 음식과 같아서 어떤 것이 더 좋다거나 옳다고 하는 것이 어렵다. 도시는 문화이며 문화현상이다. 마지막으로 현대에 굵직한 획을 그은 현대의 건축가들과 그들의 작품을 만나는 것이었다. 프랑크 게리도 만나고 싶고, 리차드 마이어도 만나고 싶다. 자하 하디드와 동대문디자인플라자에 대해서도 이야기하고 싶다. 건축가들의 생각들을 공간을 통하여 경험하고 싶다.

나는 요즘 글 쓰는 작업을 통하여 즐거움을 느낀다. 궁금한 문제를 끊임없이 나로부터 발견하고 그것을 구조화한다는 것이 재미있다. 재미있을지도 모른다는 추측을 가지고 여러 서적들을 추적하는 작업은 스릴도 있지만 때론 실망스럽기도 하다. 그러나 중간 중간 얘기치 않았던 좋은 자료들은 내게 큰 힘을 준다. 그러면서도 이 책에 무한한 책임감을 갖게 된다. 활자화한다는 것은 매우 매력적이다. 완성된 하나의 결과물을 얻는 작업이기 때문이다. 그러나 그 순간부터 수정할 수 없는 괴로움에 힘들기도 하고 아쉽기도 하다. 또 다음 서적에 기대를 걸게 된다. 도시에 대한 새로운 생각을 담는 작업만 중요한 것이 아니라, 새로운 생각을 적절한 감동을 가지고 분명하게 전달하는 것이 필요하다. 이와 같은 도시이론서는 이시대의 담론이며 일반 대중에게 질문을 던지는 작업이다. 내가 모르는 것을 아는 어느 누가 내게 답해줄지도 모른다는 두려움을 가지고 말이다.

우선 나는 이글을 마치면서 가족에게 감사를 드립니다. 아내 혜원은 많은 시간을 이 책에게 남편을 빼앗겼으며, 내가 디자인지원실을 지켰던 것처럼 집을 묵묵히 지켰다. 아들 현진은 아버지의 얼굴을 밤에만 보는 어려움을 겪었다. 대화를 많이 못했고, 여행도 쉽게 가지 못했다. 딸 서진은 엄마와 함께 시청으로 아빠를 데리러 오는 시간이 많았으며, 즐겁게 산책하는 시간도 부족하였다.

쉽게 읽는 공공디자인 북시리즈를 쓰면서 이러한 내용을 정리할 수 있게 도와주신 많은 분들에게 감사드립니다. 먼저 디자인서울총괄본부 본부장으로 계시고 석사과정 지도교수였던 권영걸 선생님께 감사드립니다. 항상 날카롭고 유머스러운 조언으로 한 단계 높은 학문을 길을 걷게 해주심을 감사드립니다. 학문적 체계가 분명하시고 세상을 보는 관점의 독특함은 제게 큰 힘이 되었습니다.

제가 서울특별시청 디자인서울총괄본부에서 근무하면서 많은 지도를 해주신 김순직 부본부장님, 이경돈 기획관님, 윤혁경 과장님, 한병용 과장님, 국승렬 팀장님, 홍성덕 팀장님, 장영호 팀장님, 이명기 팀장님께 감사드립니다. 디자인지원실에서 같이 근무하는 이희옥 주임, 최은림 주임, 양홍모 주임, 황상미 주임, 권은선 주임, 박정화 주임님께 감사합니다. 모두 저에게 많은 도움이 되었습니다. 이들은 모두 공공디자인의 선각자이며 모험가입니다. 서울을 디자인으로 변화시키기 위한 특공대원과 같은 분들입니다. 다시 한번 고개 숙여 감사합니다.

또한 인제대학교 디자인학부 교수직을 휴직하고 디자인서울총괄본부로 오는데 특별히 조언해주시고, 격려해주신 백낙환이사장님과 이경호총장님, 세심하게 학교생활의 빈틈을 메워주시고 힘이 되어주시는 백진경교수님께 감사합니다. 또한 동료교수님들께도 이 글을 빌어 감사합니다.

마지막으로 어려운 출판환경에도 불구하고 이 책을 출판할 수 있도록 기꺼이 도와주신 시공문화사 김기현 사장님께 진심으로 감사합니다.

서울시청 서소문본관 디자인지원실에서
여러 밤낮을 지난 어느 오후 이글을 씁니다.
2008. 10.

목차

프롤로그　도시와 디자인

도시는 역사적 연속성을 가지고 있다. 도시는 마치 지층(地層)과도 같다. 과거와 현대가 공존한다. 도시는 매일 건축 중에 있으며, 자연의 변화를 그대로 수용하고 있다. 이러한 도시의 운명이 과연 어떠한 정도(正道)가 있을까라는 의문도 가지게 된다. 현대의 오래된 도시는 복잡하다. 아름다운 추억도 가지고 있지만 오래된 고질병도 있어서 시름시름 한다. 도시는 이제 현명한 주치의를 필요로 한다. 퇴화된 기관을 과감하게 도려내야 하고, 새로 돋아나는 새살에 정성을 다하여야 한다.

디자인은 도시를 변화시킬 수 있는 힘을 가지고 있다. 그러나 그러한 힘이 어떠한 맥락에서 사용되느냐에 따라서 도시는 서서히 회복하기도 하고, 때론 치명적인 병을 얻기도 한다. 도시는 자연과 공간만으로 이루어진 것이 아니다. 도시에는 도시를 움직이는 사람들이 있다. 그 도시에서 살아가는 사람들이 있다. 자연, 인간, 도시 모두 시간이 지남에 따라 변해가고 있다. 같이 호흡을 맞추지 못하면 도시는 균형을 잃고 만다. 자연과 인간과 도시는 오래된 친구이며, 아주 친할 때도 있지만 서로를 미워하였던 시기도 경험하였다. 서로에 대한 조심성은 도시디자인의 에티켓이기도 하다.

도시인들을 움직일 수 있는 힘의 근원에는 모임의 공간이 있었다. 과거로부터 자기가 만든 물건들을 교환하기 위해 시장을 만들고 화폐를 만들었다. 도시인들은 서로 경쟁하며, 의지하며, 협동하며 살아왔다. 도시는 냉정해 보이지만 커뮤니티를 통한 보이지 않는 끈끈함을 유지하는 공간이다. 도시인들은 거리를 만들었다. 거리는 이동하는 공간만이 아니다. 머무르는 공간이 소비하는 공간이며, 사랑하고 사색하는 공간이다. 인간을 원초적으로 존재하게 하는 공간이 바로 상업의 공간이다.

도시인은 보는 것을 좋아한다. 도시인의 차가움 때문에 관조하고 관음하는 습관이 생겼을 지도 모른다. 도시인은 많은 사람들이 같이 어두운 공간에서 영화, 연극, 뮤지컬, 서커스를 관음하고 있다는 것을 느끼게 된다. 물론 시각적 방해를 줄이기 위해서 조명을 어둡게 하지만 대중 속에서 개인을 느끼고 싶어 하는 의지에 대한 배려이다. 도시는 끊임없이 이야기를 만드는 제조기이며 여기에 감독이나 작가들은 이것을 만들기 위해 몰입하는 사람들이다. 도시의 이야기는 다시 도시의 공연공간에서 상영되며, 사람들을 미소 짓게 하고 때론 짓 굳게도 눈물을 흘리게도 한다. 도시인은 끊임없이 감성에 마사지하며 삶을 살아간다. 탄력이 없는 감성은 매력이 없다.

날씨 좋은 날 도시인은 천정 없는 공간으로 뛰쳐나가게 된다. 광합성(光合成) 하는 나무처럼 태양을 즐겨야 한다. 공연이 감성에 호소한다면, 태양은 우리의 육체에 호소하는 면이 있다. 공개된 공간은 도시인을 활동적으로 만든다. 자연에 순응하면서도 보이지 않는 경쟁을 한다. 좋은 경관, 계절, 날씨에 순응성을 가진 것이 도시인이다. 공개된 공간은 문화와 정치를 만들었으며, 상업과 유희를 탄생시켰다. 벽 없는 공간의 힘이 도시의 힘이다.

도시인들은 그들이 머물 수 있는 건축공간을 만들었다. 아고라와 포럼을 만들어 사람들을 모이게 했으며, 궁궐과 성곽을 지어 권위와 안전을 도모하였다. 그들은 해자를 만들어 외부인을 경계하였으며, 성문(城門)을 만들어 그들을 환대하였다. 도시에 공장이 많아지고 도시인이 지쳤을 때 공원을 만들었고, 역사적인 유물을 보관하기 위해 박물관을 만들었다. 도시인들을 지적으로 성숙시키기 위하여 도서관을 지었으며, 도시민의 힘겨움을 달래기 위해 주점을 허가하였다. 건축공간은 자연으로부터의 보호, 외부의 적으로부터의 보호로 시작되었지만, 근본적으로는 도시인들의 공유공간인 것이다.

현대의 도시들은 모두 유명해지려는 노력을 하고 있다. 마치 도시가 연예인이 된 것처럼 보인다. 자신의 부족한 점은 성형을 해서라도 고치고, 자신의 장기는 마음껏 내보인다. 자신을 마케팅하기 위해 포트폴리오를 만들고 자기소개서를 마구 뿌린다. 그러나 성숙한 도시는 내면적인 아름다움을 가지고 있다. 자연스러운 모습을 가지고 있으며, 도시인을 배려하는 여유를 가지고 있다. 우리가 겪고 있는 도시적 치장은 성숙의 부족에서 오는 덜 세련됨이 아닌가 싶다.

도시는 자신을 성숙하게 하기 위한 자연과 인간과의 올바른 관계설정이 중요하다. 도시는 어려워도 정도를 걸어야 하며 후손을 위해서 때론 남겨두어야 하는 것도 있다. 도시는 도시인들의 공동작품이며 그들을 비추는 거울이다.

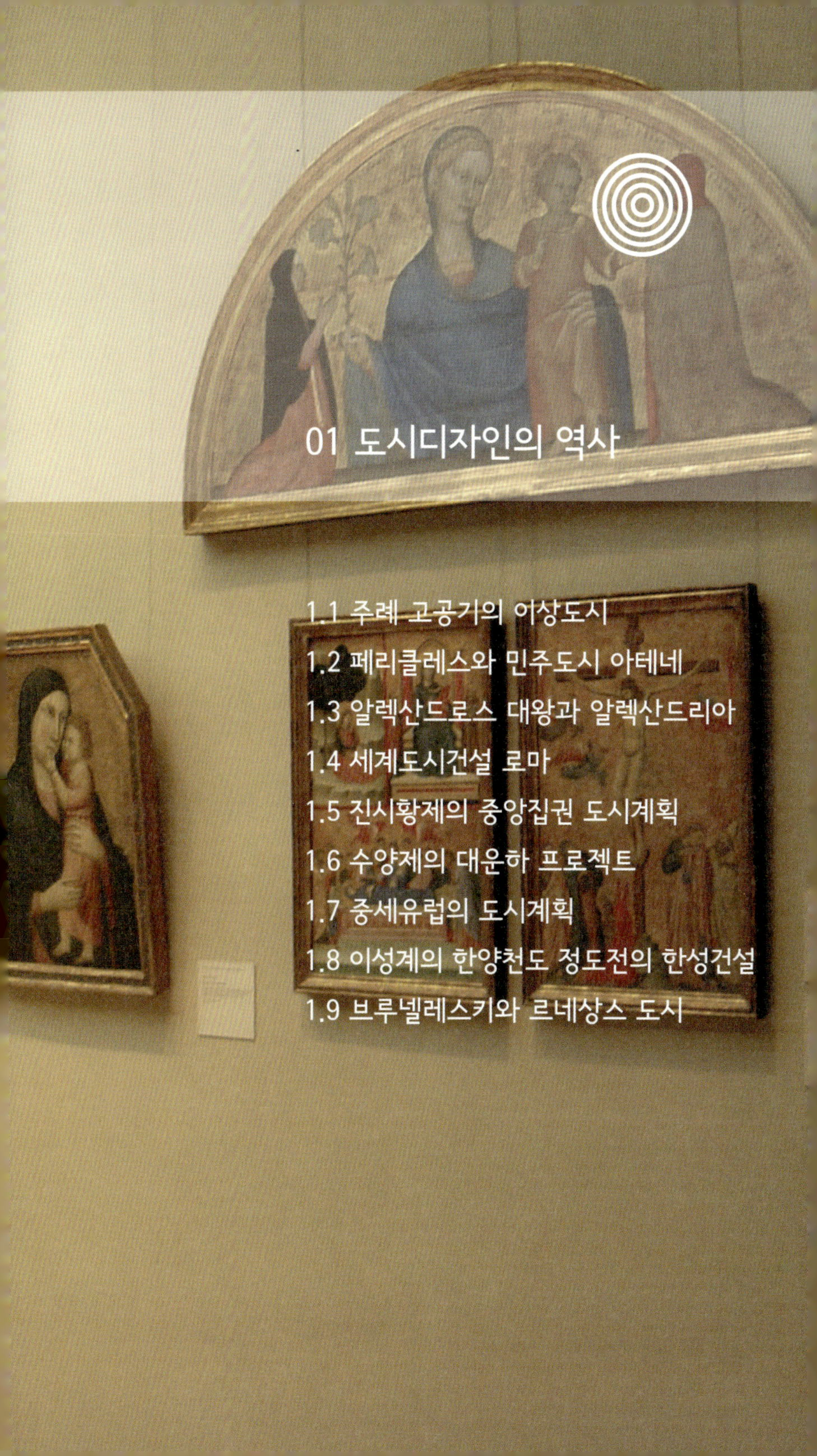

01 도시디자인의 역사

1.1 주례 고공기의 이상도시

주례(周禮) 고공기(古工記)는 고대 중국의 예에 관한 중요한 지침서로 그 안에는 이상적인 도시형태로 좌묘우사(左廟右社)와 전조후시(前朝後市)를 정하고 있다. 궁을 중심으로 왼쪽에는 종묘 오른쪽에는 사직을 둔다는 것이다. 그리고 앞에는 관청, 뒤에는 시장이 놓인다는 의미이다. 또한 성은 전체 방9리의 크기를 갖고 거기에 사면마다 세 개의 문이 열리는 모습을 그렸다. 중국에서도 실제 이 모양대로 도성을 만든 예는 확인되지 않았으나 고공기의 이 문구는 하나의 이상적인 도시규범으로 존중되었다.

조선의 한양의 경우에도 궁궐의 좌우에 종묘와 사직단을 둠으로써 이러한 고대도시의 규범을 따랐다. 국가와 도시를 주관하는 각종의 신들에게 제사지내는 제단들도 유교의례가 정하는 규범을 따랐다.

그림 1 한양도 정전인 경복궁, 종묘와 사직단의 위치가 좌묘우사(左廟右社)에 따라 배치되어 있다.

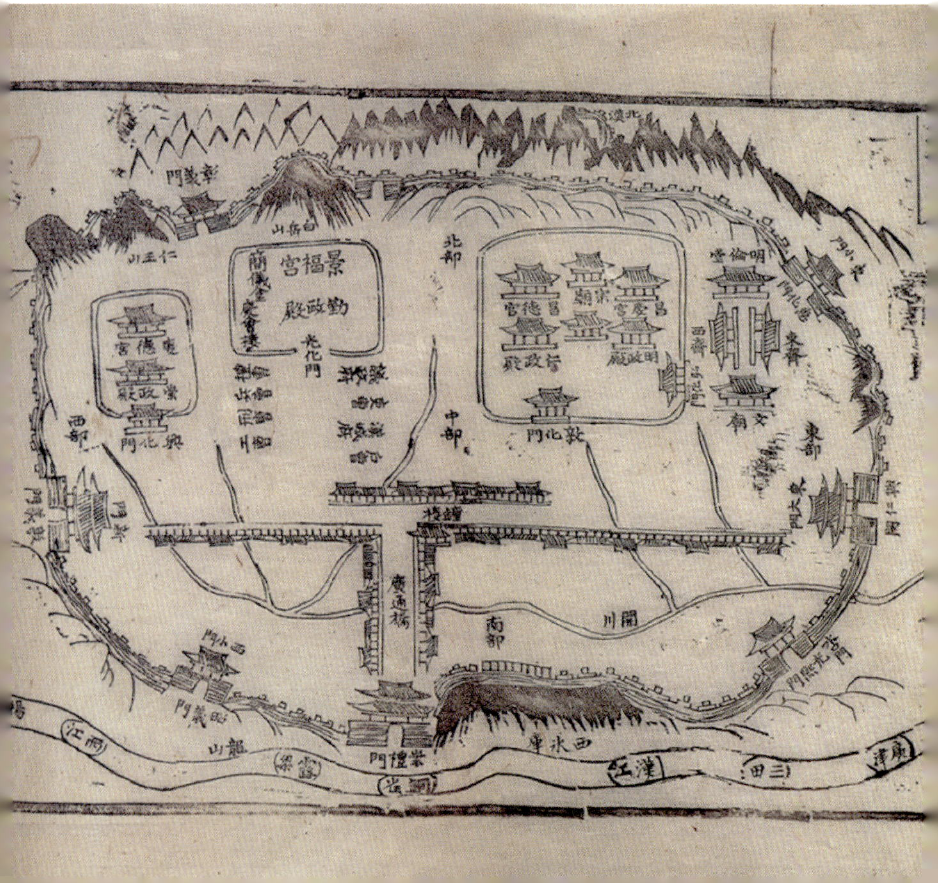

1.2 페리클레스와 민주도시 아테네

페리클레스는 고대 그리스의 정치가이다. 기원전 5세기 페리클레스 시대는 서양에서 건축과 도시계획의 원점이다. 그리스에는 폴리스, 아크로폴리스, 아고라, 스토아 등이 있다. 폴리스는 고대 그리스 도시 그 자체를 의미하며 독립된 국가를 의미하기도 한다. 여기서 정치라는 의미가 생겼다. 폴리스에는 두 개의 중심이 있는데 정치적인 중심인 아크로폴리스와 물질적 생활의 중심이었던 아고라이다.

그리스 도시의 중요한 특징 중의 하나는 민주주의를 기반으로 하는 자치도시라는 점이다. 고전적인 민주주의 체제가 도시계획에 반영되어 설계되었다. 아테네의 도심 형태는 도심광장인 아고라(agora)와 격자형 도로망으로 구성되어 있다. 아고라는 도시의 주입구와 아크로폴리스 사이에 배치되었고, 주요간선도로가 이곳으로 연결되었다. 아고라의 크기는 모든 시민이 시장에 나오거나, 혹은 근처의 공공건물에 있는 사람들을 모두 수용할 수 있도록 설계되었다.

그리스의 도시국가인 폴리스는 대부분 1만 명 이내의 소규모 도시이며 성벽에 의해 도시부와 전원부로 구분하였다. 도시부는 정치, 경제, 문화의 중심지이며 중앙 외측의 아크로폴리스는 구릉 위에 종교적 건축물이 몰려 있어 종교적 중심이 되게 하였다. 시가지에는 아고라라는 광장이 있어 회의, 재판, 사교 등 시민의 생활무대가 되는 다양한 용도로 이용되었다.

그리스는 활발한 해외무역을 통하여 주요 식민도시에 체계적인 도시계획을 적용시켰다. 히포다무스(Hippodamus)는 메소포타미아나 이집트의 도시에서 시작되었던 격자형 도로망을 발전시켰다. 그래서 그리스가 건설한 신도시는 격자형 도로형식을 따르고 있다. 대부분의 자연발생적인 도시가 방사형태로 이루어진 반면, 아테네는 격자형 도시구성을 통하여 시민들을 평등하게 전면도로에 접근하게 하였고, 도로를 만들 때에도 제사행렬이나 전승행렬에 지장이 없도록 충분한 도로 폭을 확보하였다.

아테네는 가장 발달한 대표적인 도시국가였으며 그리스문화의 중심이다. 중앙의 아크로폴리스에는 파르테논신전이 있으며 이곳을 중심으로 구릉의 기슭에 시가지가 형성되었다. 기원전 5세기경부터 로마의 지배에 들어갈 때까지 아테네는 노예와 외국인 10만 명에 시민 4만 명의 도시였다. 아테네의 건설에는 히포다무스도 참여하였다.

1.3 알렉산드로스 대왕과 알렉산드리아

마케도니아의 알렉산드로스 대왕은 기원전 334년 동방원정을 나선지 10년 만에 유럽과 아시아, 아프리카에 걸친 대제국을 건설하였다. 그는 동방의 전제군주제를 받아들여서 강력한 군주권을 행사하였으나 피정복민의 전통과 관습을 존중하였다. 그리고 각지에 도시 알렉산드리아라는 도시를 세워 그리스인을 이주시키고, 이들과 페르시아인의 결혼을 권장하여 동서사회의 융합을 시도하였다.

알렉산드로스 대왕이 제국 내에 세운 도시 중 자기 이름을 붙인 것은 알렉산드리아 외에도 많이 있는데, 가장 유명한 도시가 이집트의 알렉산드리아이다. 기원전 331년, 알렉산드리아는 이집트 원정 때 나일강 하구에 건설되었으며, 나중에 프톨레마이오스가 다스리는 이집트의 수도가 되어, 헬레니즘 시대의 문화, 경제의 중심으로서 발전하였다.

정연한 도시계획에 따라 만든 도읍으로 왕궁, 세라피스신전, 파로스섬의 등대 등이 있었다. 특히 왕가의 보호정책으로 학문과 예술이 발전하고, 자연과학의 연구가 활발하였다. 무세이온(학문연구소)과 그 부속도서관, 천문대, 해부학연구소, 동물원 등이 설립되었다. 알렉산드리아는 우아한 공원으로 아름답게 꾸며졌고 이 도시를 지중해 세계의 지적 중심지로 만들어 준 건축물인 박물관과 도서관을 갖추었다.

그림 2 이집트 알렉산드리아에 남아있는 로마원형극장

1.4 세계도시건설 로마

로마는 기원전 753년에 창건이 이루어진 도시이다. 쌍둥이 동생 레무스와 함께 늑대의 젖을 먹고 자랐다는 전설적인 왕 로물루스에 의해 창건되었다고 전해지고 있으며 실제로 국가의 형태를 갖추기 시작한 것은 기원전 6세기 말에 왕제(王制)가 폐지되고 공화정이 시작되면서부터이다.

로마는 테베레 강에 인접한 7개의 언덕에 위치하고 있다. 7개의 언덕은 보다 나은 도시전망을 제공하고 통풍이 원활하여 저습지나 강으로부터의 해충이나 병원균을 막아준다. 로마는 7개의 언덕 중에 팔라틴(Palatine)을 중심으로 도시발전이 이루어졌고 캐피터라인(Capitoline) 언덕에는 신전이 세워졌다.

로마의 정치체제는 공화정에서 제정(帝政)으로 바뀌면서 제국의 확장에 발맞추어 도시가 확장되었다. 현재 우리가 볼 수 있는 도시건축물들은 이 시기에 건설되었다. 아우렐리안 성벽이라 부르는 방어벽이 테베레 강 서안까지 확장되었고 신전, 궁전, 개선문, 경기장, 욕장, 왕묘들이 건설되었다. 그리스의 아고라를 이어받은 광장(forum)들이 건설되었다. 로마는 르네상스 이후에 광장과 분수가 발달하면서 새로운 부흥의 시기를 맞이하였다.

그림 3 현대 로마의 전경

로마는 그리스의 도시계획기법에 근간을 두고 있다. 그러나 그리스인들은 도로건설에 있어서 조형성과 방어력, 항만, 비옥한 토양에 관심을 가졌고, 로마는 도로포장물의 공급과 하수도에 깊은 관심을 가졌다. 그리스 도시에서 볼 수 없는 로마의 도시구성요소로는 써미(thermae)라고 부르는 공중목욕탕과 인술라(insula)라고 하는 로마의 하위계층들의 거주단지가 있었다. 인술라는 지금의 아파트와 같이 수층에 건물이 초라하였으며, 불에 약한 목조물로 퇴화하기 쉬웠다.

로마인들은 가로의 배치를 강조하였고 주가로와 부가로의 개념을 가지고 있었다. 주가로와 부가로는 직각으로 교차하고 있으며 카르도(cardo)와 데쿠마노스(decumanus)라 불렸으며 시가지를 네 부분으로 분할하였다. 로마의 포럼은 새로운 황제가 즉위할 때마다 광장을 중심으로 건축물을 건설하여 지배자의 영광과 신격화에 주력하여 광장의 기능보다는 기념비적인 성격이 강하였다.

로마의 신도시들은 주로 식민도시로 이루어져 있으며 로마와 동맹을 맺은 도시인 콜로니아(colonia)와 토착민의 중심지인 뮤니시피아(municipia), 로마화된 형태를 갖지 않으면서 토착민의 상업적, 행정적 중심지인 시비타스(civitas)가 있다. 식민도시와 중첩되는 도시들도 존재하나 형식적으로 다른 도시로서 군사기지 성격을 띠고 있는 카스트라(castra)가 있다. 카스트라는 적의 공격 시 보급기지였으며 본부로서의 역할을 하는 병영도시이다.

그림 4 카라칼라 공중목욕탕

로마는 기원전 27년부터 기원후 324년까지 세계의 중심으로 성장하였고, 전성기인 3세기 경에는 45,000개가 넘는 아파트와 약 2,000개의 개인주택이 건설되었다. 1세기에 아우구스투스(Augustus) 황제에 의하여 21m 높이제한이 시행되기 이전에 이미 8층 건물이 건립되었다. 로마는 고대에 이미 거대도시로 성장하였으며 거대도시를 유지하고 광대한 영토를 지배하기 위해서 대형수레에 의한 대량수송이 필수적이었다. 로마를 중심으로 폭이 넓고 잘 포장된 도로가 전 영토에 뻗게 되어 모든 길은 로마로 통한다는 말이 생겨났다. 또한 로마는 수로를 건설하여 물을 안정적으로 공급하였으며 로마 수로교는 폭우이나, 지진, 태풍에도 견딜 수 있는 내구성을 가지고 있다. 이것은 20,400개의 돌로 된 벽돌을 쌓아 올려진 순수한 돌로 석회 성분이나 콘크리트 성분이 전혀 포함되어 있지 않다. 그러나 돌 벽돌은 완벽한 평형을 이루고 있어서 흔들림 없이 지금까지 유지해오고 있다. 로마의 도시는 서양도시의 중요한 근원이 되었으며, 도시의 사회간접자본의 중요한 역할을 하였다. 도시는 사적영역과 달라서 장인들의 정신만 필요한 것이 아니라 공적인 일에 관련되는 모든 사람들의 책임의식이 동반된다. 로마의 도시는 그 훌륭한 사례이다.

그림 5 로마수로교

로마는 상하수도에 대한 토목공사에 신중을 기하였으며 수로교는 먼 곳으로부터 물을 공급받는 중요한 시설이었다. 돌 벽돌은 완벽한 평형을 이루고 있어서 흔들림 없다.

1.5 진시황제의 중앙집권 도시계획

진시황제(기원전 259~210) 영정(嬴政)은 최초로 중국을 통일하였다. 진나라의 31대 왕이며 중국 최초의 황제(皇帝)이다. 영정은 왕이라는 칭호가 자신에게 맞지 않는다고 생각하여 삼황오제에서 황과 제를 취하여 황제라고 칭하였고 자신은 처음이니 시황제(始皇帝) 라고 하였다. 진시황제는 전국을 36개의 군으로 나누고 군현제로 다스렸다. 모든 결제는 자신이 직접 챙겼으며, 도량형과 화폐, 문자 등을 통일하여 제국을 효율적으로 다스렸다. 현대에도 중국을 의미하는 차이나(China)는 진(Chin)에서 유래하였다.
시황제는 마차바퀴의 크기와 폭을 표준화하였다. 마차바퀴의 크기 표준화를 통하여 어느 곳에서든지 마차바퀴를 쉽게 교체하게 만들었으며 부품 공유를 통한 효율성을 높였다. 이러한 표준화는 더욱 진전되어 마차바퀴의 폭과 도로를 표준화하였다. 그리고 이러한 표준화된 도로를 전국으로 연결하였다. 시황제는 새로운 물류시스템의 기반을 구축한 것이다.
시황제는 재위 기간 중 무려 다섯 차례나 전국 곳곳을 순행하였다. 시황제 순행 시에는 표준화된 5개의 수레를 군사들이 호위토록 하고, 자신은 그 수레 중 하나에 탔다. 그리고 순행하는 길가에 자신의 송덕비를 세워 자신의 공적을 과시하기도 했다. 시황제는 자신이 건설한 도로와 마차시스템을 통하여 모든 중국 도시를 돌아다닌 최초의 중국인이다.

1.6 수양제의 대운하 프로젝트

중국은 삼국시대부터 수가 통일한 6세기 말까지 분열이 계속되었다. 약 4세기 동안 분열되었던 중국을 수(581~618)가 통일하였다. 수는 귀족세력을 누르기 위해 귀족의 사병소유를 금지하고, 과거제를 실시하였다. 또한 대운하를 건설하여 물자의 유통과 사회통합에 노력하였다.

수양제는 604년 수도를 장안에서 낙양으로 옮겼다. 다음 해인 605년에는 베이징에서 항저우를 연결하는 대운하 건설을 시작하였다. 운하의 건설로 황허 강, 하이허 강, 양쯔 강이 연결되었으며 운하를 따라 도로와 역참도 정비되었다. 그 당시 6년에 걸쳐 완성한 운하의 길이만 1,794km나 되었다. 대운하는 남송 때 화북 지방을 금이 점령함에 따라 파괴되었다가 원과 명대에 복구, 확장되어 오늘날에 이르고 있다.

뤄양, 황허, 화이허를 연결하는 통제거는 반 년 만에 완성되었다. 양제는 대운하를 건설할 때 40여 개의 행궁을 지었으며 운하 옆에는 대로를 건설하였고 버드나무와 느릅나무를 심었다. 대운하 건설에는 1억 5천만 명이나 되는 백성이 동원되었다.

그림 7 쑤저우의 운하 수나라 무제의 운하나 지금까지 유지되고 있다.

605년 여름, 양제는 뤄양에서 배를 띄워 양저우로 행하였는데 양제가 탄 배는 높이 45척, 길이 200장, 4층으로 된 용주(龍舟)였다. 금옥(金玉)으로 장식된 100여 개의 방이 있는 움직이는 궁전이었다. 황후와 후궁, 대소신료, 승려 등은 그 뒤를 잇는 화려한 배를 타고 함께 수행하였다. 당시 이런 호화로운 배는 수천 척에 이르렀고 수행 인원만도 20만 명이 넘었으며 배안에서는 음주와 가무가 끊이지 않았다. 배는 모두 사람들이 줄을 묶어 끌었다.

608년에는 뤄양에서 지금의 베이징의 남쪽인 탁군으로 통하는 영제거를 건설하였고, 610년에는 양저우에서 위저우를 잇는 강남운하(江南運河)를 개통시켰다. 수는 강남의 물자를 화북지방의 중앙정부와 동북부 변방의 군대 주둔지에 공급할 때 대운하를 이용하였으며, 일반 서민들은 운하를 이용하여 활발한 상업 활동을 전개하였다. 대운하가 개통되어 경제적으로 우월했던 남쪽이 북쪽과 연결되어 중국 전체의 유통이 원활해졌다. 그 경제적, 문화적, 정치적인 영향은 헤아릴 수 없다. 그러나 대운하의 건설에 많은 사람들을 동원해서 괴롭혔기 때문에 수나라는 곧 멸망하고 당이 건국되었다. 사실 당이야말로 대운하로부터의 최대 수익자이었다.

그림 8 상하이 근처의 주장의 운하 모습

1.7 중세유럽의 도시계획

중세 초기도시의 대부분은 산악에 위치하며 견고한 성체를 가지고 있었다. 성체도시의 원형을 취하고 있으며 성과 호가 있었다. 성벽 내에는 가장 강한 구조물이 있었다. 성체도시로는 카르카손과 뇌르트링겐이 있다.

중세도시에 두드러지게 나타내는 것은 성벽과 시장, 사원이다. 성곽과 사원은 도시건설에 제일 중요시되어 중세도시의 랜드마크였다. 도시의 중심부에는 광장과 시장이 서고, 근처에 시청과 사원의 첨두가 높이 솟아 있었다. 또 드물게 시장과 관련해서 상공인들의 길드주택이 있었다.

도시계획에 있어서 중요한 요소는 주택이다. 전형적인 중세주택은 작고 좁은 목조가옥이었다. 작업장과 거실이 붙어있어 도시는 무질서하였다. 도로망은 불규칙적이었으며 좁았다. 도시의 형태도 시장으로 사용된 교회 앞 광장으로부터 사방의 성벽대문까지 방사형으로 연결되었다. 간선도로 주변에는 주요한 건물이 있었으며 소도로변 주변은 주택가를 이루었다.

중세도시는 그 기능으로부터 성체도시, 정기시도시, 상업도시로 구분할 수 있다. 인구는 10만 명을 넘지 않았으며 대표적인 유럽 상업도시로는 해상무역을 장악하고 동방제국과의 무역근거지였던 베니스, 십자군의 병참기지로 번영하였던 항구도시인 제노바, 알프스 산을 넘는 육상교통의 핵이었던 밀라노, 공장과 금융업의 중심이었던 플로렌스 등이 있다.

그림 9 성체도시 카르카손

1.8 이성계의 한양천도 정도전의 한성건설

태조 이성계는 1392년 고려왕조의 수도였던 개경에서 즉위하였다. 즉위 후 태조는 1394년에 한양으로 도읍을 옮기고 새 서울건설을 진행하였다. 조선 개국의 국시를 높이면서 한양의 대자연과의 조화를 중요하게 여겼다. 태조는 신도궁궐조성도감을 설치하고 권중하, 정도전, 청성백, 심덕부 등으로 하여금 한양건설계획을 세우게 하였다. 그들은 한양을 자세히 살핀 뒤에 한양의 자연환경에 맞게 종묘, 사직단, 궁궐의 위치를 계획하고 설계안을 태조에게 올렸다. 그 계획에 의하면 궁궐을 백악산의 남쪽 기슭에 들이기로 하였다. 원래 백악의 남쪽 기슭은 고려 숙종 때 남경(南京)의 이궁터인데, 이 자리에 조선의 정궁인 경복궁이 들어서게 되었다.

한양은 정도전에 의해서 기본설계가 진행되었는데 주례의 고공기의 원리를 따랐다. 또한 고려의 수도였던 개경도 고공기의 원리와 일치한다. 이른바 좌묘우사(左墓右社)이다. 종묘는 왼편에 앉혀야 하고 사직은 오른편에 마련해야 한다는 것이다. 그래서 경복궁을 중심으로 왼편에는 종묘가 오른편에는 사직단을 위치하게 하였다.

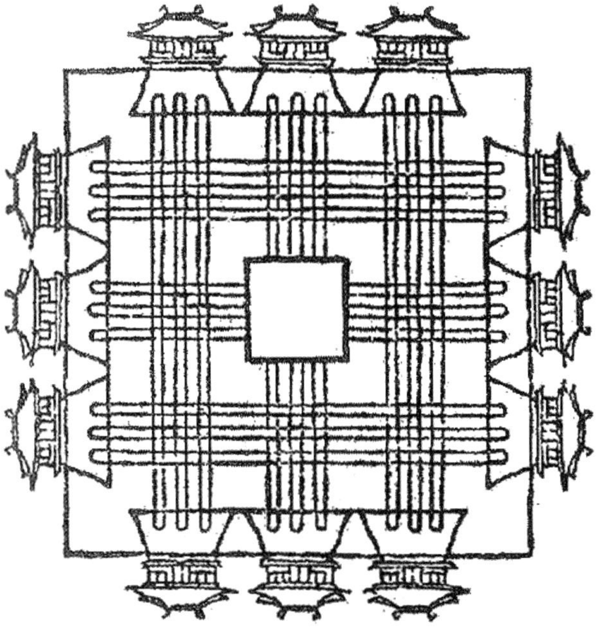

그림 10 주례 고공기 왕성도

종묘와 경복궁 공사를 맡아서 한 사람은 청성백과 심덕부였다. 특히 이 두 사람은 공사를 치밀하게 계획하고, 알맞게 운영하여 백성들이 고통을 몰랐다고 기록되어 있다. 종묘와 경복궁이 건설되자 태조는 사조(四祖, 목조, 익조, 도조, 환조)를 개경의 종묘에서 한양의 종묘로 옮겼다.

한양천도가 지속되고 있는 1395년에 태조는 한양부(漢陽府)를 한성부(漢城府)라고 개명하였다. 이로서 한양은 옛 이름이 되고 한성이라는 서울의 정식명칭이 지정되었다. 한성은 순종 4년(1910)까지 515년 동안 서울을 일컫는 정식명칭이었다. 한성이라는 이름에서 서울의 성곽도시로 발전가능성을 암시한다.

조선의 역대임금들은 4개의 산(인왕산, 북악산, 낙산, 남산)을 연결한 성곽에 정성을 기울였다. 성곽의 길이는 17km이고 성벽의 높이는 일정하지는 않지만 대체로 12m 정도이다. 돌로 쌓은 성곽 둘레에는 동서남북 사대문(四大門, 흥인지문, 돈의문, 숭례문, 숙정문)이 마련되었고 사대문의 중간에는 사소문(四小門, 혜화문, 소의문, 광희문, 창의문)이 만들어졌다.

그림 11 조선의 도읍이었던 한성을 둘러싼 서울성곽의 모습

축성하는 과정에 태조의 왕사(王師)인 무학대사는 인왕산에서 무학으로 연결시키자는 주장을 하였으나 정도전의 계획대로 인왕에서 남산으로 성곽을 연결하였다. 그리고 한성의 정문은 남쪽의 대문인 숭례문이었다. 숭례문은 여덟 문들 중에서 가장 뛰어났으며 초기 건축 당시로부터 따지자면 더 긴 역사를 가지고 있지만 세종 30년(1448)에 다시 개축했다.

조선왕조의 수도인 한성을 서울이라고 하게 된 것은 눈금(雪線)을 따라 도성이 만들어졌기 때문에 눈의 울타리, 설울(雪城)이 변하여 서울이 되었다는 전설이 있다. 그러나 한성지략(漢城誌略)에서 수도를 일컫는 서울이라는 말은 순수 우리말로 그 근원은 멀리 신라시대까지 올라간다. 신라시대의 6촌 중에 하나였던 서라벌(徐羅伐)이 나라의 도읍을 뜻하게 된 후 서야벌(徐耶伐)로 되고 서울로 변화된 것이라는 기록이 있다.

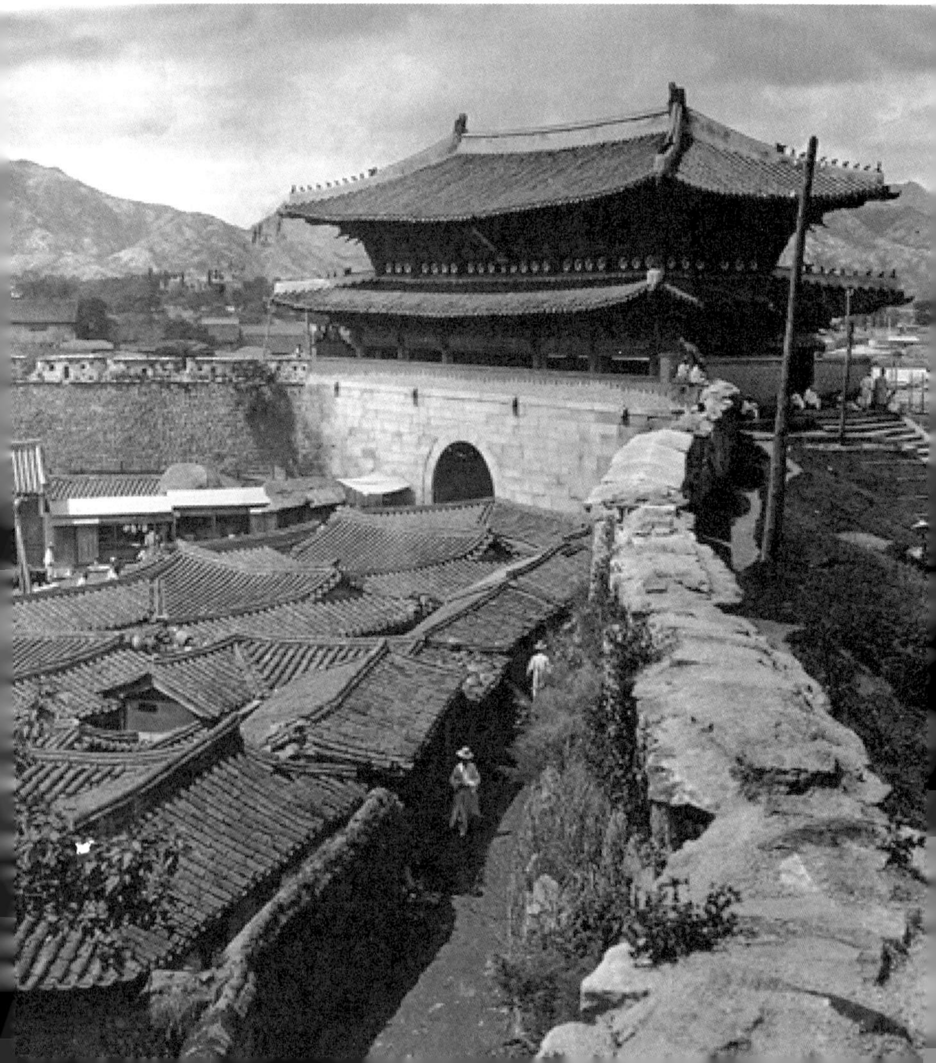

1.9 브루넬레스키와 르네상스 도시

르네상스에는 과학과 종교에 의해서 새로운 세계관이 지배하는 시기였다. 과학의 힘으로 마젤란이 세계일주를 하고 콜럼버스가 신대륙을 발견하였다. 이 시대에 보편화되었던 화약, 종이, 나침반은 도시의 방어물이었던 성벽의 필요성을 약화시켰다. 15~16세기에는 많은 이상 도시안이 대두되었는데 공통점으로는 아직도 폐쇄형 성체형식을 취하였지만 그 내부에는 격자형, 방사형 가로망을 취하였다. 알베르티(Alberti)는 르네상스 시대에 이상도시안을 제출한 최초의 사람이었다. 그는 [건축론(De Architecture)]에서 로마의 선구자 비트루비우스(Vitruvius)의 저서들과 마찬가지로 건축과 도시를 하나의 테마로 처리하였다.
르네상스 도시의 다른 하나의 특징은 로마시대의 도시계획을 확장 개조시키고자 하는 재건계획이 발달하였다. 로마재건계획을 건의한 식스터스 5세(Sixtus X)는 건축가 폰타나(Fontana)에게 위촉하여 가로망계획을 준비하였다. 폰타나는 로마제국시대부터 남겨진 높은 오벨리스크로 그 도시 내의 주요지점들을 표시하였고, 그의 설계지역에 말뚝을 박아서 모든 사람들이 보게 하였다. 이런 방법으로 도시의 가로망이 주요한 장소를 연결할 뿐만 아니라 가로 그 자체가 강조될 수 있다는 생각을 도입하였다.

참고문헌

- 조엘 코트킨(Joel Kotkin), 윤철희 역, 도시의 역사, 을유문화사, 2007
- 비난트클라센, 심우갑외 1인 역, 서양건축사, 대우출판사, 1994
- 萩島 哲, 소명식·조광희·신인중·유헌석, 도시계획, 보문당, 2006
- 마쓰나가 야스미쓰, 도시계획의 신조류, 한울아카데미, 2006
- 김영상, 서울육백년, 대학당, 1994
- 김철수, 도시공간의 이해, 기문당, 2006
- 김혜천 외, 현대도시의 이해, 대왕사, 2007
- 이광규, 문화인류학개론, 일조각, 1980
- 최인규, 역사로 보는 공공디자인, 도서출판가인, 2008
- 최홍섭, 두바이 기적의 리더십, W미디어, 2006
- 홍성용, 스페이스 마케팅, 삼성경제연구소, 2007

02 근현대 도시디자인

2.1 근대유럽의 도시계획

산업혁명으로 유럽은 새로운 도시 시대가 대두되었다. 기계생산에 의해서 생산방식이 변화함으로써 자본주의 경제체제를 구축하고 상업자본주의에서 산업자본주의로 전환되었다. 산업혁명은 본질적인 공간의 변화를 초래하였다. 산업혁명에 의해서 많은 노동자를 필요로 하였고, 대도시로 많은 인구가 유입되었다. 런던, 파리, 베를린 등은 2배 이상 인구가 증가하여 대도시로서의 새로운 도시문제가 발생하였다. 중세부터 유지해 온 구도심과 도시외각에 새로 지어진 신시가지가 그것이다. 이것과 병행하여 외각지대에는 공장이나 제조업이 들어서고 도시의 중심부에는 증권거래소, 은행, 호텔, 거대한 건물 등이 세워졌다. 새로운 도시의 시가지경관이 생긴 것이다. 한편 도시화로 인한 대도시들은 공장에서의 매연, 소음, 과밀주거, 도심슬럼화, 도시 위생문제 등 심각한 도시문제가 발생하였다. 특히 공업이 발달한 대도시에서 문제가 더욱 심각하였다.

근대도시의 시작은 산업혁명으로부터 무질서하게 진행되었고 많은 사회문제를 해결하는 과정이 뒤를 따랐다. 도시의 공장은 물질적 풍요로움을 가져왔지만 현대의 근본적인 사회문제는 근대 도시로부터 기원되는 것이 많다.

그림 14 산업혁명기의 도시의 모습

공장가를 중심으로 굴뚝이 세워지고 도로와 주거가 잘 정비되지 않았으며 도시 위생에 매우 문제를 가지고 있었다.

산업혁명에 의한 대도시의 사회문제는 주로 사회개혁가들에 의해서 이상적인 도시 계획안이 제안되었다. 프랑스 건축가 르도(Ledoux)는 18세기 제염노동자를 위한 이상도시 쇼우(Chaux)를 발표하였다. 산업혁명을 고려한 새로운 생산체계를 도입한 이상도시의 선구제안이라고 할 수 있다.

1829년에는 프랑스의 사회개혁가 푸리에는 [산업과 사회의 새로운 세계]라는 책을 출판하고 개인이나 계급의 경쟁에 기초하여 성립되는 사회는 부도덕하고 불합리하다고 규정하고 인간사회의 조화와 협동을 역설하였다.

르네상스 시대의 이상도시 제안은 너무 공상적이거나 도시경영에 난점이 있어서 실제로는 실현되지 못하였다. 그러나 노동자의 생활에 대한 관심, 협동조합방식에 의한 운영, 도시와 농촌을 결합하는 계획 등은 당시의 사람들의 주의를 환기시키고, 공장경영자들에게 자극을 주게 되었다. 건강한 커뮤니티를 구성하는 것에 대한 논의가 시작되었다.

그림 15 사우스웨일즈의 금속 제련관련 유적

2.2 조선후기 신도시 화성 프로젝트

지혜롭고 강력한 군주였던 정조는 도성 아래 30km 지점에 평탄하고 넓은 땅에 경제위주의 신도시 건설을 계획하였다. 그것이 바로 수원 신도시이다. 수원은 입지조건부터 다르다. 과거 도시들이 읍치의 방어와 중앙의 행정명령을 수행하는 기능에 맞춘 산으로 둘러싸인 폐쇄적인 공간이었으나 수원은 서울로 통하는 길목의 넓은 평지이다. 수원은 이미 18세기에 들어오면서 충청, 전라, 경상도의 물산이 집결하는 경제상의 중요한 위치였다. 그러나 기존의 수원은 사방이 산으로 둘러싸여 있어 물자 소통이 어렵고 읍지도 좁았다. 수원을 평탄한 장소로 이전하여 경제 활성화를 주장한 것은 반계 유형원으로 150년 후에 그의 생각이 실현된 것이다.

1789년 사도세자의 무덤을 옮기기 전에 주민의 강제 이주가 단행되었다. 이주민에게는 신도시에 땅을 주어 이주비용을 대신하였다. 또한 신도시에서 장사하는 사람에게는 장기무이자로 돈을 빌려주었다. 이렇게 주민과 상인 군사력이 안정적으로 되자 도시의 명칭을 화성(華城)이라고 짓고 장관은 한성부와 같은 정2품으로 격상시켰다.

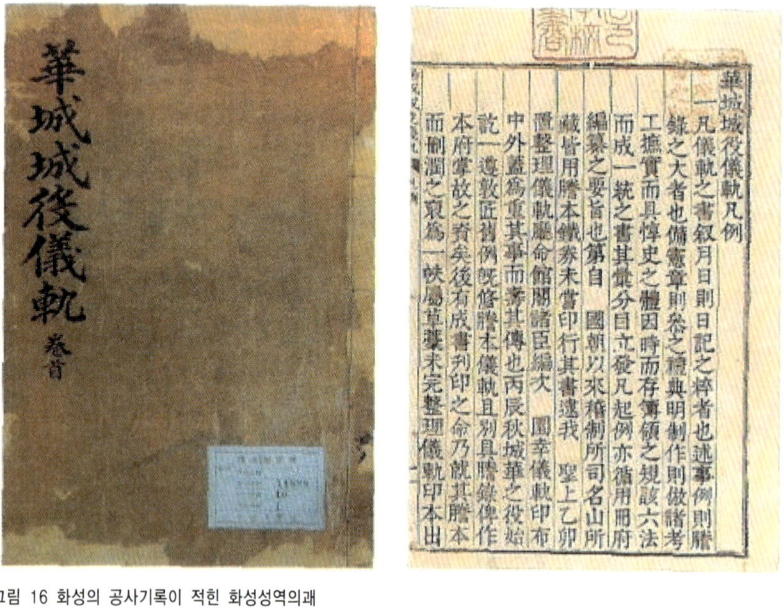

그림 16 화성의 공사기록이 적힌 화성성역의괘

화성은 기존의 도시와 다른 개념으로 계획되었다. 도시의 내부 가로구성을 T자에서 중심부를 十자형으로 만들었다. 관청과 사방의 성문이 이 십자가로에 이어졌다. 십자가로 주변에는 상점가를 조성하여 경제활동을 활성화하였다. 또한 남북 간선도로와 평행하여 도시를 관통하는 큰 개천을 팠다. 성문도 동서남북 사방으로 개방하여 소통을 원활하게 하였다.

도시가 건설되고 5년째가 되는 1794년에는 도시 외곽을 감싸는 성곽공사가 시작되었다. 화성은 기존의 도시처럼 외곽에 산성을 갖추는 성곽이 아니다. 산성을 두지 않는 대신에 읍성의 방어력을 크게 강화한 것이 화성의 특징이다. 산성을 두지 않고 읍성을 강화하는 것은 시대적 요구였다. 평상시 살던 읍성을 포기하고 산성으로 피난하는 것은 목숨은 부지하겠지만 가산을 모두 잃는 대가를 치르는 것이다. 유형원은 반계수록(磻溪隧錄)에서 이렇게 주장하였다. 이제 유사시 산성으로 피난하는 것을 그만두고 평상시 거주하는 읍성에 사람들이 더 많이 살도록 하고 여기 재화를 모아 삶을 윤택하게 하고 성벽을 잘 쌓아 방비를 튼튼히 하자는 것이었다. 이러한 개념은 삼국시대 이래로 내려온 전통적인 성곽관과는 배치되는 내용이었다.

그림 17 화성성역의궤에 나와있는 화성전도

성곽의 기본계획은 실학파의 신진학자에게 맡겨졌다. 이일을 맡은 인물은 다산 정약용이었다. 다산은 가장 적절한 성곽의 크기를 둘레 4km로 정하였다. 여기에 읍성 자체의 방어력을 키우기 위해 새로운 방어시설도 계획하였다. 성문에는 이중성문인 옹성을 두고 성문 좌우에 측면에서 문을 보호하는 적대를 세웠다. 성벽에는 일정간격으로 성벽을 돌출시킨 치성을 만들고 치성 위에는 대포를 설치할 포루를 두었다.

수원성의 성벽은 돌로 축조되었는데 축조방식은 화포의 공격에 대비하기 위한 것이었다. 병자호란을 겪으면서 화포의 중요성이 커지고 화포에 견딜 수 있는 성벽이 요구되었다. 종래와 같은 하부에 큰 돌을 놓고 상부에 작은 돌을 놓는 방식을 버리고 돌을 네모나게 다듬어 돌끼리의 마찰력을 크게 하였다. 종전에는 적이 기어오르는 것을 막기 위해 성벽을 높이 쌓았으나 화포의 시대가 되자 성벽은 낮추고 성벽의 뒤 길이를 길게 하는 방식으로 축조되었다.

성벽 축조를 위해 새로운 방식이 채택되었다. 돌을 운반하는데 사람의 손에만 의존하지 않고 수레를 최대한 활용하고 돌을 위로 올리는데 사용하는 거중기(擧重機)라는 기계적 장치가 고안되었다. 거중기를 고안하는 데에는 기기도설(寄器圖說)이라는 중국을 통해 입수한 서양의 기술서적이 참고가 되었다. 수원성의 전공사과정은 화성성역의궤(華城城役儀軌)라는 보고서에 상세히 기록으로 남겨 후대의 작업에 참고가 되도록 하였다. 조선시대의 주요관청공사는 반드시 공사의 기록을 남기는 전통을 가지고 있었다.

2.3 오스만의 파리대개조 프로젝트

파리는 산업혁명기인 18세기에 들어와서 인구가 급속히 증가하고 경제 규모가 커지게 되었다. 오늘날과 같은 파리의 도시경계는 1841년 성벽을 지으면서 확정되었다. 중세의 파리를 근대 도시 파리로 개조하게 된 것은 19세기 중반에 일어난 오스만(G. E. Haussmann)의 파리 대개조운동이다. 그 당시는 산업혁명기로 인구가 농촌에서 도시로 유입되었고, 도시환경이 열악해지면서 위생문제가 크게 대두되었다. 또한 파리를 산업과 교역의 중심지로 성장시킬 필요성도 대두되었다.

센 지방의 도지사였던 오스만은 도로, 건물, 공원, 공공사업이 연관된 파리 대개조사업을 실시하고 행정구역도 개편하였다. 파리 대개조사업의 주요내용은 기존 시가지에 새로운 가로망을 형성하여 시내의 중요한 지점들을 상호 연결하는 것이었다. 외곽의 철도역에서 중앙의 주요지점까지 단시간에 도달하게 하고 중앙의 행정 상업시설을 각 지구의 중심과 연결하였다. 에뜨왈 광장을 중심으로 한 12갈래 방사형 도로망이 만들어진 것도 이때이다.

그림 19 에뜨왈 개선문의 모습

오스만은 주요건축물을 넓은 도로에 연결하고 작은 건물들이 모여 있는 지구에 기념비적인 요소를 첨가하였다. 기능적이고 상징적인 건물인 기존의 철도역, 의회, 증권거래소, 팡테옹 궁전, 개선문, 노트르담 사원 등과 연계하여 중앙시장, 정부청사, 신오페라하우스 등이 건설되었다. 루브르, 대학, 파리재판소 등은 새로운 기능에 따라서 확장되었다. 소규모 건물들을 대규모 건물로 교체하는 작업은 파리의 원형인 시테 섬에서 이루어졌다.

오스만은 공원에도 관심을 가지고 있어서 조경가의 지원을 받아 귀족들의 수렵장이었던 블로뉴 숲을 정비하였다. 호수와 산책로, 롱샹 경마장을 건설하여 지금도 인기 있는 공원으로 남게 되었다. 또한 동쪽에는 벵센트 숲, 북동쪽에는 뷔트 쇼몽 공원, 남쪽에는 몽수리 공원이 건설되었다.

파리는 조명, 상수도, 하수도, 묘지 등도 대대적으로 확장되었다. 파리에서 160km가 떨어진 곳에 급수원을 개발하여 파리에 공급되는 물의 양을 두 배로 늘렸다. 하수는 중력에 의해 도로 밑의 작은 하수관을 통해 긴 원통형의 집수관에 모여지고, 북서방향의 세느 강 하류로 방류되었다. 관세 목적의 성벽이 폐지되고 교외의 마을들을 파리로 통합하여 파리의 경계가 외부 방어용 성벽까지 확장되었다.

그림 20 파리 개선문에서 본 도로의 모습

1981년에 미터랑은 대통령으로 당선되자, 1989년 프랑스혁명 200주년을 기념하여 파리에 대형국책 사업을 실시하였다. 오르세미술관의 개조, 라빌레트 과학기술산업박물관 조성, 아랍문화원 건설 등을 추진하였다. 1982년에는 그랑 프로제(grand project) 현상공모를 추진하였고 국립도서관, 루브르의 유리피라미드, 라데팡스의 신개선문, 바스티유 오페라극장, 라빌레트 과학공원 등의 문화예술 관련 사업들을 순차적으로 추진하여 이들은 현재 파리의 명소로 자리 잡고 있다.

파리 외곽의 라데팡스 성공요인은 여러 가지가 있지만 그 중에서도 파리의 도심으로부터 일직선상에 있는 역사적 중심축에 위치한다는 점이다. 이 선형의 축은 세계적으로 유일한 것으로 루이 14세 시대의 조경가인 르 노트르가 루브르 박물관에 느릅나무를 일렬로 배열함으로써 시작되었다. 1989년 라데팡스의 신개선문이 완성됨에 따라서 루브르의 유리 피라미드에서 시작하여 카루셀 개선문, 튈러리 공원, 콩코드 광장의 오벨리스크, 샹젤리제 거리, 에뜨왈 광장의 개선문, 그리고 신개선문에 이르는 역사적 축이 형성되었다. 파리는 역사적으로 많은 건축가와 조경가, 도시계획가들이 과거를 존중하고, 신중함으로부터 나오는 도시정책결정이 지금의 파리를 만들었다고 할 수 있다.

그림 21 파리의 세느 강과 전경

2.4 하워드와 전원도시

1898년 영국의 에베네저 하워드는 그의 저서 [미래의 전원도시(Garden Cities of Tomorrow)]에서 거대도시의 문제점으로부터 도시와 전원을 일체로 하여 해결하는 전원도시의 수법을 고안하고 도시계획을 전계하였다. 그는 도시와 전원 및 전원도시를 3개 자석에 비유하였다.

하워드가 제안하는 전원도시는 인구 3만2천명의 소도시이나 이것이 계획인구에 도달했을 때는 별도의 전원도시를 다시 만들고 이들을 철도와 도로로 연결하여 인구 5만8천명의 도시집단을 의미한다. 도시집단은 성장하여 인구 약 25만의 도시집단이 된다. 그는 도시건설에 소요되는 경비, 실제 도시의 유지 및 관리에 필요한 경비의 조달방법에 대해서도 정확한 재정적인 분석을 하였다.

전원도시계획은 많은 사람의 지지를 받았으며 1899년에는 전원도시협회가 설립되었고 1903년에는 전원도시주식회사가 창설되었다. 최초의 전원도시는 런던에서 50킬로미터 떨어진 레치워스(Letchworth)이다. 이 도시의 계획은 파커(Parker)와 어윈(Unwin) 두 사람에 의해 설계되었다. 전원도시의 이상은 계속 전파되어 1920년에 두 번째 전원도시인 웰인(Welwyn)이 런던 북쪽 20마일 지점에 건설되었다. 건축가 스와송(Louis de Soissons)에 의해 계획되었고, 레치워스보다 훨씬 성공적이었다.

그림 22 영국의 두 번째 전원도시 웰인

2.5 토니 가르니에의 공업도시

프랑스의 건축가인 가르니에(Tony Garnier)는 1917년 공업도시(Cite Industrielle)를 발표하였다. 이것은 시각적으로 보이는 모든 것을 표현한 근대의 이상도시인데 근대도시 및 도시건축의 이미지가 가르니에의 공업도시 속에서 처음으로 구체화하였다. 이 계획은 도시를 구성하는 기능을 지역적으로 분리하여 명확한 도시구조를 나타내는 획기적인 제안으로 현대의 지구제(zoning)에 앞선 내용이었다.

가르니에의 공업도시는 인구 3만5천명을 갖는 것이었으며 광산과 수력 등의 자원이 있으며 천연자원을 가공하는 공업을 기반으로 한 것이었다. 고원지대에는 도시의 주거지역을 배치하고 공업지역은 강변을 따라서 배치하여 철도, 도로, 수운에 편리를 도모하고 수력발전소를 입지시켰다. 그의 공업도시는 블록을 가진 격자형 계획을 사용하였으며, 도시자체는 선형으로 배치하였다. 중심지구에는 행정, 집회, 레크레이션 등의 공공건축물을 갖추고 주택이나 학교는 그 바깥쪽에 위치하였으며 병원 등의 시설은 더욱 높은 곳에 위치하였다.

가르니에의 공업도시에는 의도적으로 생략되어 있는 시설이 있다. 경찰서, 재판소, 감옥, 교회, 술집, 오락실 등이다. 그는 앞으로 다가올 이상도시에는 범죄가 없기 때문에 향락적인 오락은 필요 없다는 생각으로 공상적인 사회주의 사상을 반영하고 있다.

가르니에는 강한 윤리관, 무신론, 계몽주의와 인간의 생활을 극도로 형상화하고 있다. 이러한 것들에서 학교에서 말하는 교육적인 의미와 병원의 일광욕 치료법과 주거의 채광, 환기로부터 설명되는 건강과 위생지향의 사고를 알 수 있다. 이러한 사상의 표현은 행정시설물과 공공건축물에 잘 나타나 있다. 그는 박물관과 도서관과 같은 계몽주의적인 공간과 스포츠 시설들과 같은 육체적 건강성과 정신력의 함양을 목표로 하였다.

도라 위벤슨은 가르니에의 공업도시를 장식을 벗겨낸 고전주의라고 불렀다. 그의 도시건축물은 철근 콘크리트 조형에 의해 가능하게 되어 종전까지의 보자르의 계획과는 비교할 수 없을 정도로 단순한 벽면을 가지고 있다.

2.6 르 꼬르뷔제와 기하학적 기계도시

20세기 도시공간형성에 가장 큰 영향을 준 건축가가 르 꼬르뷔제(Le Corbuiser, 1887~1965)이다. 그의 1920년대와 1930년대에 있어서 도시의 계획 및 건축 활동은 사회에 대한 문제의식에서 출발하였다. 당시의 사회는 모순과 갈등이 팽배하였으며 도시는 비위생적인 환경에 시달렸다.

르 꼬르뷔제는 회화, 건축, 도시계획에 있어서 단순하고 기하학적인 형태를 찬양하였다. 그는 어윈(Unwin)의 곡선도로의 주장을 목적성이 없는 타락의 길이라고 비판하면서 도시는 마치 기계와 같으며 기관차를 조립하듯이 도시를 건설하여야 하기 때문에 곡선의 여지가 없다고 주장하였다.

1922년 그는 인구 300만의 도시계획안을 발표하였다. 그가 주장한 이상도시는 광대한 오픈스페이스에 둘러싸인 장대한 마천루를 중심으로 하는 도시였다. 마천루 주변에는 아파트지구가 있어 8층의 연속주택이 광대한 오픈스페이스에 둘러싸여 있는 구조이다. 프랑스 남부 마르세유에 있는 유니테 다비타시옹이 1946년부터 설계가 시작되어 1952년에 준공되었다.

그림 23 르 꼬르뷔제가 설계한 프랑스 남부 마르세유에 있는 유니테 다비타시옹

르 꼬르뷔제는 도시를 논할 때 유니테 다비타시옹은 건물이라고 또는 도시라고 부르기 어렵다고 하였다. 직역하면 주거단위가 된다는 것이다. 그는 유니테 다비타시옹이 새로운 도시건축의 전형이라고 생각하였으며 도시설계의 경우 주거계획으로부터 시작한다는 것을 의미한다는 것이다.

르 꼬르뷔제가 내세운 도시계획의 4가지 원칙은 먼저 도심의 복잡함은 제거되어야 하며, 그러나 도시 중심부는 밀도가 높아도 좋다. 중심부에는 교통기관을 집중시켜 배치하여야 하고, 공원과 공지는 충분하게 계획하여야 한다는 것이다.

1925년에 파리중심부의 개조계획인 보아잔 계획(Plan Voisin)에 적용하였으며 1933년 빛나는 도시계획에도 이 발상을 전개하였다. 1928년 르 꼬르뷔제의 생각을 지지하는 건축가들에 의해서 CIAM이 결성되었다. 1933년 아테네 회의에서는 현대도시 현상에 대한 생각을 정리하여 95개조로 된 아테네 헌장을 발표하였다. 이 헌장에는 도시의 네 가지 기능으로 거주, 여가, 근로, 교통을 선정하여 도시계획은 주거단위를 중핵으로 하여 이들 기능의 상호관계를 결정하여야 한다고 하였다. 도시에서 녹지와 태양공간을 존중하는 CIAM의 생각은 전세계로 퍼져나갔다.

20세기의 현대도시는 대부분 르 꼬르뷔제의 이러한 생각으로부터 직간접적인 영향을 받았으며, 자동차중심의 도시, 건설중심의 도시를 만드는데 일조하였다. 도시는 기계이며 모더니즘의 이론을 적극적으로 개진한 건축가이며 도시계획가였다.

그림 24 르 꼬르뷔지에의 모듈라와 자동차
르 꼬르뷔지에는 모듈라의 개념을 가지고 비례의 중요성을 인식하였으며 모더니즘의 중요한 미의 요소가 되었다.

메사추세스 공과대학의 교수였던 케빈 린치(Kevin Lynch)는 1960년 저서 [도시의 이미지(The Image of City)]를 발표하였다. 그는 책의 서두에서 도시의 경관은 여러 가지 역할이 있으나 그 중의 하나는 사람들에게 보이고, 즐겁게 하는 일이라고 하였다. 도시이미지는 현대도시디자인의 가치관을 형성하는 기본적인 모형이 되었다. [도시의 이미지]에서 다루어지는 내용은 도시의 인지(認知)를 분석한 것이다. 특히 경관의 문제를 다루어 평가방법을 나타낸 것은 그의 연구의 독창성이다.

린치는 도시의 인지를 정체성(identity), 구조(structure), 의미(meaning)로 보았다. 정체성이란 경관 속의 것이 다른 부분에서 보는 것과 구별되는 확실함을 의미한다. 단순히 보는 광경을 넘어서 경관 속의 대상이 떠오르게 하는 근거라고 하였다. 구조는 관찰자가 만들게 되는 보이는 사람의 패턴이다. 이것은 어떤 광경을 어떻게 구성하여 구조화 하는가와 시간적인 연속 가운데 경과된 범위를 어떠한 기준으로 정하느냐에 관련된다. 이처럼 인지의 구조를 나타내기 위해 구조(structure)라는 용어를 사용하였다. 의미는 경관에서 나타낼 수 있는 유용성과 개념, 추억, 동경 등 다양한 종류의 기억의 총체이다. 여기서 말하는 기억은 정체성과 구조와 비교하여 매우 개인성이 강하다. 객관적인 지표로 알기 어렵고 통계적인 분석이 어렵다. 린치는 이 세 가지가 항상 동시 표현된다고 언급하면서 정체성과 구조의 물리적인 명료함에 집중하여 분석하였다.

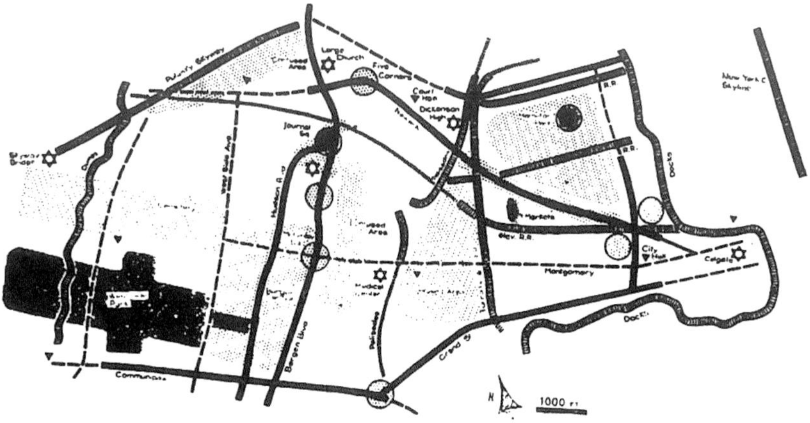

그림 25 도시의 이미지 뉴저어지의 다이어그램

린치는 이미지너빌리티(imageability)라는 개념을 내세웠는데 그 의미는 선명한 정체성과 강력한 구조를 겸비한 유익한 환경이미지를 확립하는데 도움이 되는 것으로 색채, 형태, 배치 등을 의미한다. 이 용어를 사용하면 기억을 떠올리기 전에 시선을 이끄는 경관은 이미지너빌리티가 높다고 할 수 있다. 린치가 말하고자 하는 이미지너빌리티는 물체가 지니고 있는 성질로써 환경의 구조는 결국 사고의 구조를 암시하고 있다는 것이다.

미국에서는 옴스테드 이후 디자인에 있어서 환경성을 중요시 해왔으나 린치의 도시의 이미지 이후부터는 자연의 보전과 공원의 설계를 의미할 뿐만 아니라 인간을 둘러싼 사물에 존재하면서 의미와 감정의 매개를 초래하는 것으로 인간의 행동에 영향을 미치는 것을 의미한다.

린치는 도시의 이미지를 분석하는데 있어서 5가지 타입의 도시 형태를 구체적으로 설명하고 있다. 그것은 도로(path), 경계(edge), 지역(district), 접합점 혹은 집중점(node), 랜드마크(landmark)이다. 린치는 이 다섯 가지에 의해 도시의 이미지가 변화되는 것을 예측한다. 그러므로 이 다섯 가지는 도시 이미지를 표기하는 용어이며 이에 따라 그려지는 도면은 다이어그램이 된다.

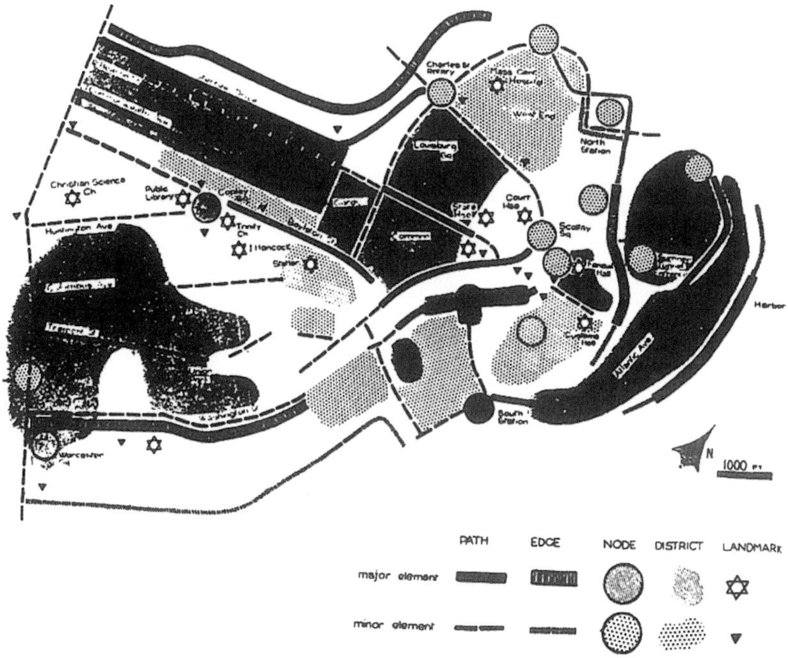

그림 26 도시의 이미지 보스턴의 다이어그램

린치는 다섯 가지 모델을 가지고 보스턴, 뉴져지시티, 로스앤젤레스의 3개의 도시를 분석하였다. 보스턴은 미국에서 가장 오래된 도시 중의 하나로 18세기와 19세기에 만들어진 가로의 골격과 건물의 모양은 유럽에 가까운 도시라고 할 수 있다. 뉴져지시티는 뉴욕과 허드슨 강을 끼고 강 건너편에 있다. 이 곳은 별로 특징이 없기 때문에 맨해튼의 강 건너편에 위치하고 잇다는 것 밖에는 설명할 것이 없다. 로스앤젤레스는 보스턴, 뉴져지시티와는 스케일이 다른 도시이다. 이곳은 걷는 사람들이 적고 대부분 자동차에 의해서만 움직이는 도시이다. 따라서 도시의 경관은 자동차의 속도 감각에 의해서 파악되는 도시이다. 린치의 연구에 의하면 로스앤젤레스에서는 광장을 횡단하는 것이 무섭다는 증언도 나오고 있다. 린치는 세 도시를 다섯 가지 모델에 의해서 다이어그램화 함으로써 도시의 차이점을 나타내고 있다. 또한 린치는 세 도시 가운데 보스턴의 평가에 역점을 두고 있으며 그 중요한 이유는 걸어 다니기 쉬운 도시라는 점이다.
케빈 린치는 도시의 흐름을 보는 방법을 터득하였으며 도시의 분석을 통하여 다양한 문제점을 도출할 수 있었다.

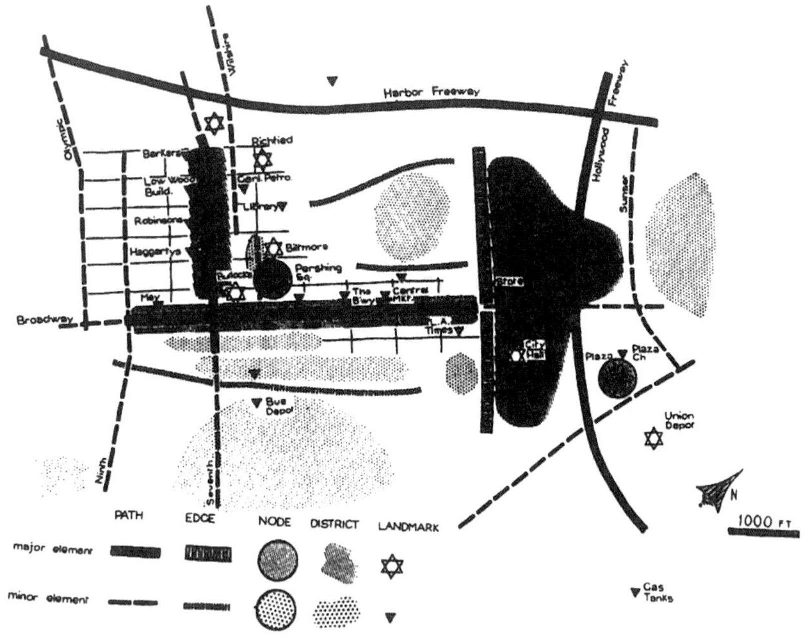

그림 27 도시의 이미지 로스앤젤레스의 다이어그램

2.8 로버트 벤츄리와 라스베가스의 교훈

로버트 벤츄리는 1968년 스코트 브라운과 함께 예일대학의 대학원 스튜디오에서 라스베가스를 주제로 한 연구를 실시하였다. 이에 대한 연구의 성과를 한권의 책자로 출판하였는데 이것이 [라스베가스의 교훈(Learning from Las Vegas)]이다. 그의 연구주제는 건축의 상징성에 대한 문제였으며 그것은 그가 저술한 [건축의 복합성과 대립성(Complexity and Contradiction in Architecture)]의 내용과 연관된다. 대학원생들과 현지에서 조사하고 분석한 자료는 그들이 의도했던 범위를 넘어 도시에 대한 새로운 견해를 제시하였다.

라스베가스는 사막 한가운데 만들어진 도박의 도시이다. 거리는 가늘고 긴 땅과 메인 스트리트를 따라 세워진 호텔과 카지노로 형성되어 있다. 화려한 간판과 네온사인, 세계 각국의 건축양식으로 만들어진 유명 건축물이 주류를 이루고 있다. 당시에 라스베가스는 건축가들이 가장 꺼려하던 도시였다. 벤츄리가 라스베가스를 연구대상으로 선택한 이유는 지금까지와는 근본적으로 다른 유형의 도시형태를 정의하는데 도움이 될 수 있기 때문이다.

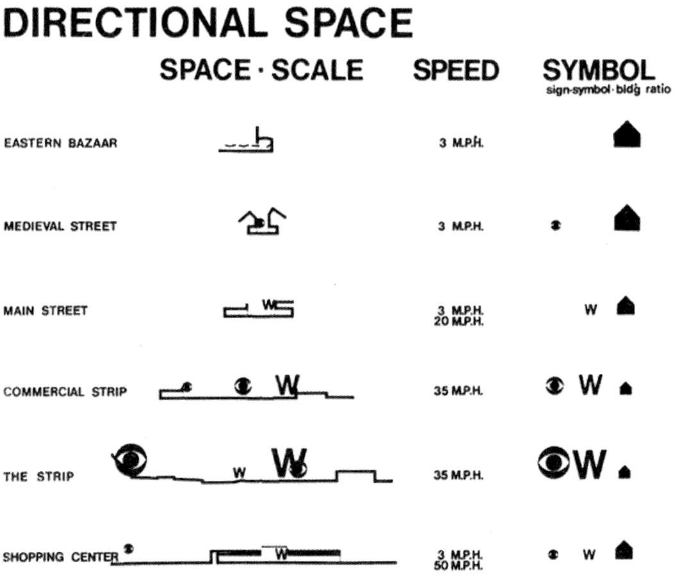

그림 28 라스베가스의 교훈에서의 방향성 공간

벤츄리는 라스베가스를 조사하는데 있어서 연구대상인 도시는 신선했으나 분석방법은 전통적인 방법을 취하였다. 공간과 스케일, 속도와 상징에 관하여 다른 유형의 도시와 비교하면서 공적공간과 사적공간을 지도상으로 나누어 건물의 용도별로 분포도를 제작하였다. 호텔과 카지노 등의 간판을 분류해 유형학(typology)적으로 분석하였다. 이러한 연구는 상징적인 메시지와 인지를 명백히 하는 과정으로 건축의 공간성이 아니 표층성을 집중적으로 분석하였으며, 건축이 기호로서 작용하는 의미작용에 집중하고 있다. 라스베가스는 건축가나 도시설계가의 설계에 의존하지 않고 많은 사람들의 욕망과 이곳 호텔에서만 가능한 달콤한 꿈이 기호에 의한 연상으로 실현된 거리이다. 현대의 도시를 형성하는 것은 절대적인 도시의 권력자가 없는 상황에서 이러한 현상은 자연스러운 일이다. 벤츄리는 복잡한 전체(different whole)이라는 개념으로 라스베가스를 설명하였다. 각각 독립적인 질서를 가지고 있으나 방법에 따라서 전체를 예정하여 정하는 것과 같은 전체이다. 벤츄리는 사람이 사는 이상 도시는 불확정적인 요소로 가득하며 이러한 일들을 즐기는 정신이 요구되어지고 있다고 말하고자 했다. 1960년부터 70년대는 모더니즘의 종반기이며 새로운 가치관으로의 전환기였다. 이러한 가운데 벤츄리는 포스트모더니즘의 논리적 실천자의 한사람이었다.

그림 29 대로변에 잇는 타냐 광고판

라스베가스의 간판에 나타난 현상은 건물형태가 아니라 건물에 붙여진 간판 또는 장식으로써 나타난다. 이러한 종류의 건물을 벤츄리는 장식된 창고(decorated shed)라고 불렀다. 그는 이 이론을 고딕의 대성당과 고전주의 팔라쪼에 이르기까지 부여한다. 역사적으로 유명한 건축가들은 이러한 시점에서 평가하는 것은 건축의 표층성이 주류를 이룬다. 요약하면 파사드의 디자인이 가장 중요하였다. 라스베가스의 건물 파사드에 관해 벤츄리는 간판이 가장 개성적이며 파사드의 변화를 가장 짧게 이끌어 가고 있다고 하였다. 전면의 계속되는 개조에도 불구하고 건축물은 구조적으로 변화하지 않는다. 이러한 견해의 기본적인 태도는 평면이나 입면을 지속적으로 관찰하면서 그때의 기억을 떠올리고 다양한 방법으로 즐기고자 하였으며 건축을 문학적으로 해석하였다.

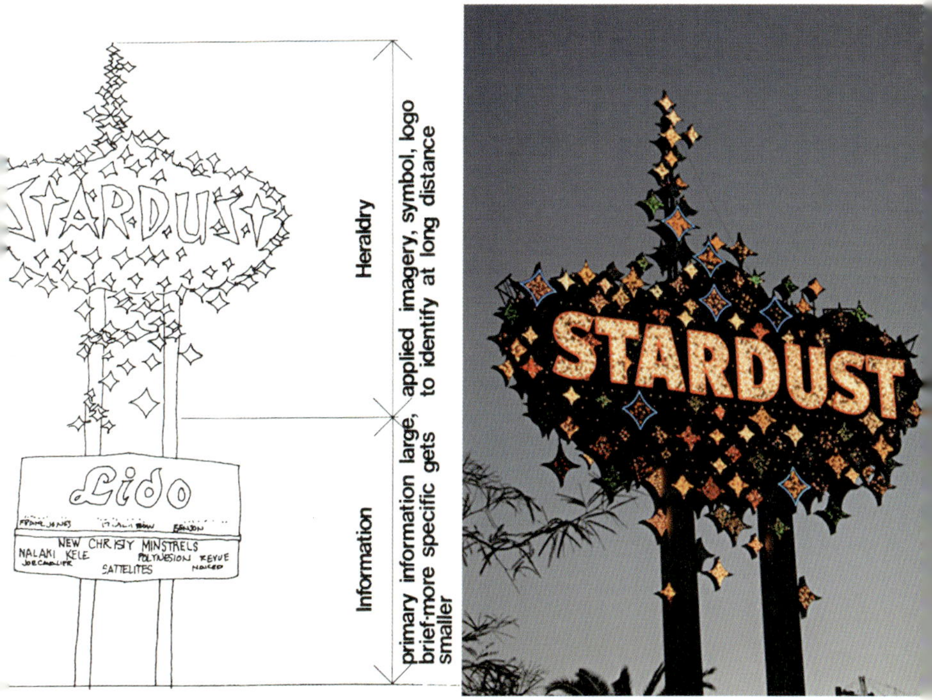

그림 30 인상학적으로 본 전형적인 카지노 사인

2.9 콤팩트시티 뉴어바니즘 어반빌리지

근대도시이론을 가지고 개발한 도시들에서 여러 가지 문제점이 발생하였다. 이 현상은 대부분 선진국에서 공통적으로 일어났으며 각국은 근대도시이론을 대체할 새로운 이론을 찾고 있다. 이러한 새로운 이론 중에서 잘 알려져 있는 것이 바로 콤팩트 시티(compact city)이다.

이러한 용어가 구체화된 사례로는 미국의 뉴어바니즘(new urbanism)과 영국의 어반빌리지(urban village)이다. 과거의 도시개발이 확대발전 지향이었다면 축소 고밀화 한다는 것으로 이러한 개념을 총칭하여 콤팩트 시티라고 부르고 있다. 이 개념은 근대도시이론에 대한 반성에서 출발하여 도시를 중세시대 도시처럼 콤팩트하고 활기 있게 가꾸자는 비전을 실현하고자 탄생한 용어이다.

미국의 뉴어바니즘을 탄생시킨 중심인물들이 아와니 호텔에 모여 아와니 원칙(1991)을 발표하였는데 요약하면 다음과 같다. 첫째, 모든 커뮤니티는 주택이외에도 상점, 직장, 학교, 공원, 공공시설 등의 복합적인 기능을 지녀야 한다. 둘째, 대부분의 시설은 도보권 내에 있어야 한다. 셋째, 대부분의 시설과 거점들은 대중교통수단으로부터 도보권 내에 있어야 한다. 넷째, 다양한 사회계층, 연령층의 주민이 공존해야 한다. 마지막으로 에너지 소비를 억제하고 자연환경 보존에 힘써야 한다.

영국의 어번빌리지(Urban village) 추진 모체인 어번빌리지 포럼이 주장하는 원칙은 다음과 같다. 휴먼스케일을 고려한 개발이어야 한다. 고품위 디자인, 복합개발, 치밀하게 계획된 기반시설을 갖추어야 한다. 그리고 효과적인 유지관리가 이루어져야 한다.

이러한 개념들을 포괄적으로 정리하는 연구를 수행하고 있는 마이크 젱크스 교수는 콤팩트 시티의 개념을 다음과 같이 정리하고 있다. 도시형태는 콤팩트하여야 한다. 용도혼합과 적절한 가로계획이 이루어져야 한다. 체계적인 교통네트워크가 건설되어야 하며 환경규제가 이루어져야 한다. 마지막으로 수준 높은 도시경영으로 21세기형 도시를 만들어야 한다는 것이다.

참고문헌

•비난트클라센, 심우갑 외 1인 역, 서양건축사, 아키그램, 2000
•萩島 哲, 소명식·조광희·신인중·유헌석, 도시계획, 보문당, 2006

•마쓰나가 야스미쓰, 도시계획의 신조류, 한울아카데미, 2006
•김영상, 서울육백년, 대학당, 1994
•김철수, 도시공간의 이해, 기문당, 2006
•김혜천 외, 현대도시의 이해, 대왕사, 2007

그림 31 미국 내슈빌에 있는 뉴어바니즘이 적용된 레녹스 마을

그림 32 뉴어바니즘이 적용된 주택, 포트 로얄

03 도시르네상스 플래닝

3.1 켄 리빙스턴의 런던비전
3.2 셰이크 모하메드의 두바이
3.3 위트레흐트 도심재개발
3.4 멀티미디어 시티 사라고사
3.5 읽기 쉬운 도시 브리스톨

3.1 켄 리빙스턴의 런던비전

영국 런던에서는 2002년 2월 런던계획(The London Plan)을 발표하였다. 런던광역시장 이름으로 발간한 런던시의 총체적인 마스터플랜이다. 1999년 통합시로서의 런던광역시가 법제화됨으로써 2000년에는 선거를 통해 시장 및 시의회를 구성하고 시장으로 하여금 런던에 대한 전략 구상을 의무화함으로서 런던계획이 발표되게 된 것이다.

런던계획의 특징은 먼저 15~20년 후의 미래를 예측하고 사회, 경제, 환경 등의 여러 전략들을 통합하는 공간 및 장소에 관한 장기계획이다. 둘째, 교통과 인프라 스트럭쳐의 개선과 함께 토지이용계획에 관한 제안들과 광역지역계획을 수립한다. 셋째, 지방자치단체들은 개별 지역개발계획(UDPs Unitary Development Plans)을 유지하면서 광역 런던계획에 협조하며 수립 후 이러한 내용을 적극적으로 지역계획에 반영하는 것이다. 마지막으로 유럽연합(EU)의 지속가능한 개발계획을 반영한 유럽공간계획조망(ESDP European Spatial Development Perspective)을 수용하는 것이다. 런던계획은 신중하고 장기적이고 광역과 지역의 위계가 있으며, 유럽의 큰 비전과도 맥락을 같이하는 계획이다.

그림 33 런던광역시장의 런던플랜과 컨 리빙스턴 시장

MAYOR OF LONDON

The London Plan: A Summary

Highlights from the Mayor's Spatial Development Strategy for Greater London

February 2004

The London Plan — Mayor of London xi

'my vision for London' by Ken Livingstone, Mayor of London

I would like to thank all of you who took part in the process and consultation leading up to this plan. As a result of literally thousands of comments, and the excellent work done by Alan Richardson and his team on the Examination in Public, this plan has moved on from the version that I published in June 2002.

I was very pleased that the panel supported the main policy directions of the draft, as well as the essential statistics and analysis on which the draft was based. During the Examination in Public, I made several commitments to meet points that respondents had made. I have also made a number of further changes in response to the panel's report, other responses and more up-to-date data.

Compared to the draft, this published plan is now even more people-centred, and it focuses more on London's town centres and suburbs. The timetabling of some of the major public transport schemes has become somewhat clearer and this is reflected in the proposals for phasing development. The Sub-Regional Development Frameworks have been confirmed as the key vehicles for resolving strategic cross-borough issues and the themes of equality and sustainability have been more thoroughly integrated into the document. Over the past 18 months, several of my other strategies have been published and this plan reflects the spatial implications of them. The chapters in the plan have also been reordered and some material previously in annexes has been included in the body of the plan.

But the main policy directions remain the same and the same factors are seen as driving change in London – particularly the phenomenal pressures for growth. This rapid expansion, of population and jobs is without parallel in any other UK city, and stems from London's exceptional dynamism, attractiveness and advantages in the new era of economic globalisation. It poses unique opportunities – but also challenges – if the potential benefits are to be maximised and the city's environment, quality of life and historic character are to be preserved and improved.

Having already absorbed the equivalent of the population of Sheffield in the last 15 years, London is expected to grow by the equivalent of the population of Leeds in the next decade and a half. To sustain and improve London's environment, this increase must be absorbed without expansion into the existing green belt or encroaching on London's internal green spaces. To sustain the quality of life and character of London, rapid economic growth, which in some cases will involve upgrading and

런던계획의 주요내용은 교통문제, 경제발전, 생물다양성(biodiversity), 대기환경, 자원재활용, 소음대책, 문화정책으로 요약할 수 있다. 런던은 현재 세계 경제의 중심이며 유럽 최대의 도시이다. 역사문화유산이 풍부하며, 문화적 다양성을 확보하고 있다. 국제교통의 허브이며 안전하고 친환경적이다. 학문의 중심이며 국제공용어인 영어를 사용하고 있으며 창조산업의 인프라가 형성되어 있다. 이를 바탕으로 런던의 비전은 세계를 선도하는 환경친화적인 도시이며 강력하고 장기적인 경제성장, 모든 시민의 기회균등과 사회 불평등 해소, 환경친화적인 자원의 사용으로 지속가능한 도시를 만드는 것이다.

런던계획의 도시는 6가지로 정리할 수 있는데 먼저 컴팩트시티(compact city)이다. 도시의 오픈스페이스 잠식 없이 경제를 활성화하고 교통체계를 고려한 고밀도 개발을 하는 것이다. 둘째 시민들을 위한 도시(city for people)이다. 디자인을 통하여 시민들의 삶과 환경을 개선하고 안전, 보건, 교육 등의 공공서비스를 확충하고 공공임대주택의 확산하는 것이다. 셋째 번영하는 도시(prosperous city)이다. 도시 인프라확충을 통하여 경제성장을 유발하고 정보, 문화, 관광 등의 다양한 산업을 유치하는 것이다. 넷째는 차별이 없는 도시(fare city)이다. 국제적인 도시인 런던은 다양한 인종들의 집합체이다. 이러한 도시민의 통합을 유도하고, 사회적 박탈감을 해소하며, 지속적인 교육지원을 통한 고용을 안정시키는 것이다. 다섯째, 접근하기 쉬운 도시(accessible city)이다. 장기적인 투자로 대중교통수단을 확충하며, 보행자 도로를 업그레이드하며, 자전거도로를 확충하는 것이다. 마지막으로 친환경적인 도시(green city)이다. 에너지, 쓰레기 등 환경문제를 개선하고 역사문화유산을 보호하고, 공공 커뮤니케이션을 강화하는 일이다.

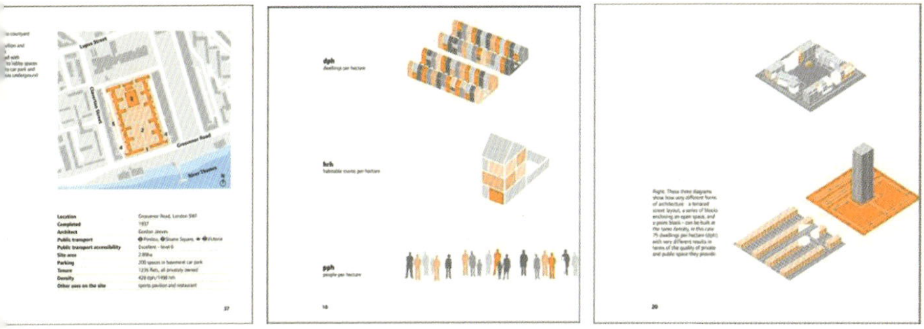

그림 34 콤팩트시티에 대한 런던계획

런던계획의 실행체계는 행정조직과 법정계획으로 나눌 수 있다. 행정조직은 런던시를 중심으로 리빙스턴 시장이 있다. 참모조직으로 리차드 로저스에 의해서 지휘되는 건축, 도시정책을 개발하는 A+UU(Architecture and Urbanism Unit)가 있다. 수행을 담당하는 런던개발국, 런던교통국, 런던경찰청, 런던소방 및 비상기획청 등의 조직이 있다. 런던계획의 법정계획으로는 5대 권역별 개발계획, 정책별 세부 계획지침, 정책별 세부 실행지침, 정책지원 조사연구, 시범사업 등이 있다.

그림 35 런던계획의 세부계획

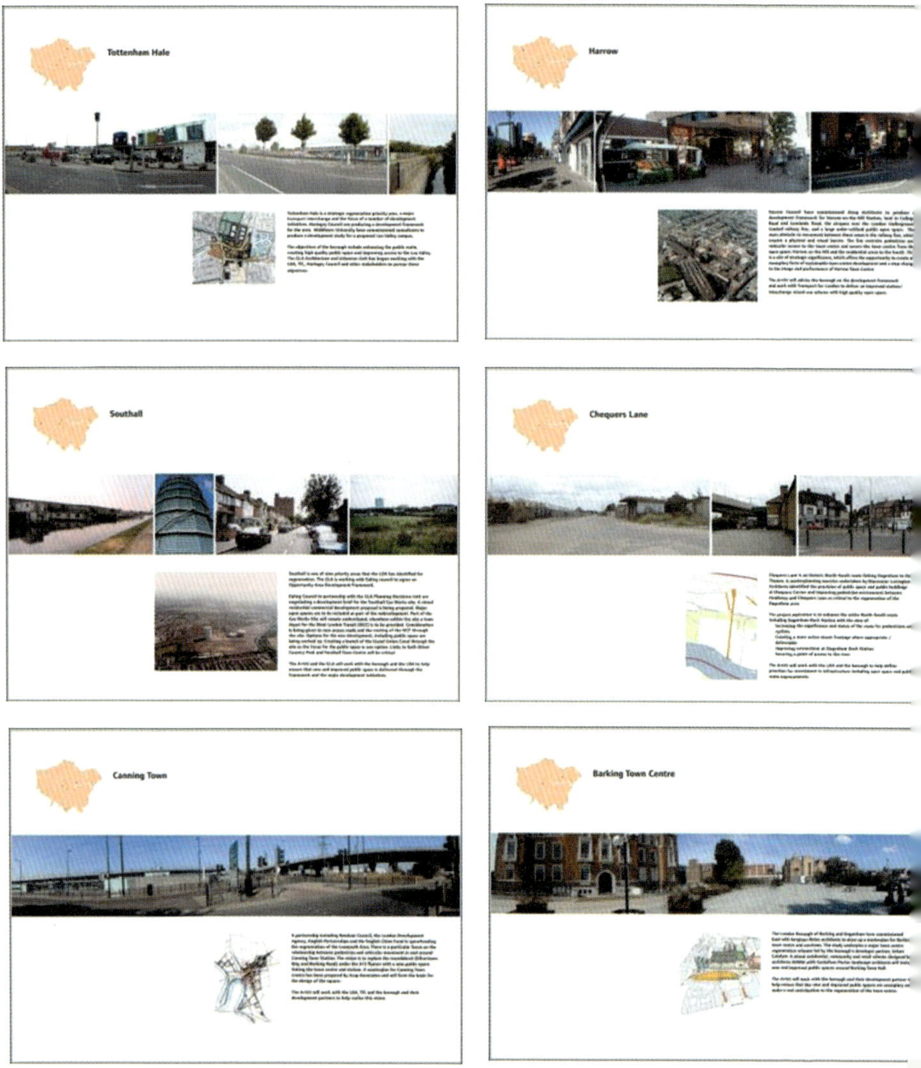

3.2 셰이크 모하메드의 두바이

셰이크 모하메드의 두바이(Dubai)가 관심의 대상이 되고 있다. 많은 매스미디어와 건축가, 디자이너들이 관심을 갖는 도시이다. 아랍에밀레이트연합은 1968년에 단순한 토후국[1]에 불과했던 두바이와 아부다비 등의 힘을 합쳐 UAE라는 연방제 국가를 출범시켰다. 두바이는 셰이크 막툼과 그의 아들 셰이크 모하메드가 지도자가 되어 무조건 세계 최대, 최고, 최다의 프로젝트를 추진하고 있다.

두바이가 유명하게 된 것은 버즈 알 아랍(Burj Al Arab)이다. 공식적으로는 오성호텔이지만 세계 최고급 수준의 서비스를 제공한다고 하여 칠성호텔로 불리고 있다. 버즈 알 아랍은 셰이크 모하메드 지도자의 첫 작품이며 오늘날 두바이의 도시상징물로 통하고 있다.

그림 36 세계 최고급 수준의 서비스를 제공한다고 하여 칠성호텔 버즈 알 아랍(Burj Al Arab)

1) 토후국 (土侯國) 부족의 추장이나 실력자가 다스리는 국가

두바이 앞바다에 조성하는 팜 아일랜드(Palm Island)는 그 이름처럼 야자수 모양의 인공 섬 3개를 조성하고, 섬 위에 주거 및 위락시설을 갖춘 종합레저타운을 만드는 것이다. 이 프로젝트의 메인 아이디어는 요철을 많이 만들어 해변을 획기적으로 늘이자는 생각에서 나왔으며, 셰이크 모하메드는 야자수 디자인 아이디어를 생각하였다. 3개의 인공섬 가운데 가장 먼저 시작된 것은 팜 주메이라(Palm Jumeira)이며 가장 작은 규모로 지름 5.5㎞, 면적 25㎢에 줄기부분과 17개의 야자수 잎, 초승달 모양의 방파제로 구성되어 있다.

팜 주메이라 보다 약간 큰 팜 제벨알리(Palm Jebel Ali)도 줄기부분과 17개의 야자수 잎, 그리고 초승달 모양의 방파제로 구성되어 있으며 지름 7.5㎞, 면적 52.5㎢ 규모이며 섬 한 복판에는 고층빌딩으로 이루어진 중심가가 조성된다. 가장 규모가 큰 팜 데이라(Palm Deira)는 야자의 줄기부분과 41개의 잎 그리고 초승달 모양의 방파재로 구성되어 있으며 지름 14.5㎞, 면적 200여㎢이다.

두바이 해안 앞에 펼쳐질 아라비아 만의 푸른 바다위에 세계지도 모양의 인공섬 프로젝트 더 월드(The World)가 진행되고 있다. 해안에서 8㎞ 떨어져 있으며 현재 방파제 공사가 진행되고 있으며 세계의 갑부들에게 판매될 예정이다.

두바이의 해안선을 바꾸는 팜 아일랜드 프로젝트는 인간이 만드는 자연이며, 지금까지는 생태적으로 건강한지에 대한 의문은 있지만, 새로운 시도라는 점에서 주목을 받고 있다.

그림 37 두바이 3개의 인공섬 가운데 가장 먼저 시작된 팜 주메이라(Palm Jumeira)

3.3 위트레흐트 도심재개발

위트레흐트는 네덜란드의 네 번째 도시로서 4개의 환상도시(Randstad) 중의 하나이다. 철도시스템의 허브로서 국제회의, 전시회, 음악회 등이 자주 열린다. 1945년부터 형성된 환상도시(ring city)는 로테르담, 헤이그, 암스테르담, 위트레흐트와 작은 도시들을 연결하는 광역권으로 연쇄적인 도시 군락지대이다. 2차 세계대전 이후 네덜란드의 계획가들은 대규모 도시들이 계속 발전하면서 팽창하여 그 경계를 맞닫게 되면 말발굽모양의 중간부분에 있는 오픈스페이스가 잠식될 것을 우려하였다. 그래서 1949년부터는 중간부분 오픈스페이스를 그대로 보존하면서 도시의 발전이 주요 간선도로를 따라 일어나도록 유도하였다.

위트레흐트는 200년 착수초기부터 주민의 의견을 투표를 통하여 적극적으로 수용하였으며 역세권 개발과 관련이 있는 기관, 기존 상가 상인, 역세권 거주자와 통근자들의 다양한 요구가 수용될 수 있도록 개발에 대한 회의 및 워크샵에 참여를 유도하였다.

위트레흐트의 도시디자인비전은 첫째 사용자중심의 계획이다. 민관 합동개발로 기존 상가상인, 거주자, 통근자들의 다양한 요구에 부응하였다. 둘째, 강한 지역적 연계를 진행하였다. 중앙도로(center boulevard)와 도시복도(city corridor)에 의해 강한 지역적 연계를 진행하였다. 셋째, 기존의 상업지구를 활성화하고 구도심 지구와 연결하여 광활한 도시이미지를 만들었다. 넷째, 차량과 인도의 완벽한 분리로 생활, 상업, 문화의 기능을 수행하는 종합적인 계획을 진행하였다. 마지막으로 규모별(S, M, K, XL)로 개발강도를 나누어 구역별로 적용하였다.

3.4 멀티미디어 시티 사라고사

스페인의 사라고사는 인구 67만의 자동차와 물류중심의 공업도시이다. 사라고사의 높은 경제성장은 인구증가와 함께 도시의 급격한 변화를 초래하였다. 그러나 역사적인 도시구조는 여전히 존속되고 있다. 이러한 사라고사에 디지털기술을 활용한 새로운 공간창조의 시도는 불가능하리라고 생각되었지만 알베르토 베로치 사라고사 시장은 사라고사를 멀티미디어 신산업의 도시로 탈바꿈하기 위한 밀라 디지털 프로젝트(Milla digital project)를 실시하였다. 현재 건설 중인 밀라 디지털단지는 혁신과 창조를 위한 도시기반을 마련할 것이며 새로운 일자리 창출은 물론 시민 모두에게 디지털 시대의 새로운 문화를 공유할 수 있는 기회를 제공할 것이다.[2)]

그림 39 스페인 사라고사 엑스포 게이트웨이

---

2) 서울특별시, 도심재창조 국제포럼, 2007. 11.

사라고사엑스포(Expo Zaragoza)는 물을 통하여 도시와 환경을 다시 바라보게 되는 엑스포이다. 물의 중요성을 인식하고 전 지구적인 노력이 사라고사엑스포를 통하여 시각화 되었다. 사라고사엑스포의 주제는 물과 지속적인 발전(Water and Sustainable development)이다. 수자원에 대한 깊은 식견을 가진 건축가, 디자이너, 예술가들이 접근한 대회이다.

사라고사엑스포에서 세계적인 건축가 자하 하디드(Zaha Hadid)가 사라고사 브릿지 파빌리온을 디자인하였다. 사라고사 브릿지 파빌리온은 디자인과 공학적인 구조의 조화로운 만남이라고 평가된다. 외피는 지중해의 건조한 지역풍의 특성을 고려하였고 내부는 통풍시스템을 통하여 열순환을 원활하게 하였다. 그 이외에도 워터타워, 리버 아쿠아리움 워터스케이프 전시, 스페인 파빌리온, 6개의 테마광장들이 주목을 끌었다.[3]

그림 40 자하 하디드가 디자인한 사라고사 엑스포의 브릿지 파빌리온

3) 권연화, 사라고사엑스포, 2000, 월간인테리어, 통권 264권, 2008. 9. 참조

3.5 읽기 쉬운 도시 브리스톨

유럽의 도시들은 상업과 문화적 중요성으로 도시간 경쟁이 치열해지고 있다. 유럽도시들은 사람들이 도시정보를 잘 이해하고 쉽게 활용하는 것이 도시를 성공시키는 주요 요인으로 인식하고 있다. 도시를 공공디자인 측면에서 향상시킨다는 것은 항상 시민을 먼저 고려하고 사람들의 이해도를 반영하며, 도시의 형태를 유지시키는 일이다. 이것을 위해서 도시는 유용하고 흥미를 끄는 아이덴티티, 정보, 교통에 대한 프로젝트로 이루어진다.

브리스톨이 주장하는 읽기 쉬운 도시(legible city)란 사람들이 도시에 대한 이해와 경험을 쉽게 하는 작업이다. 인간을 도시척도의 중심에 놓으며 이해하기 쉬운 정보를 이용하여 도시에 쉽게 다가서게 하는 전략이다. 결국은 이 도시를 방문하는 방문객이 쉽게 적응하고 이해할 수 있도록 하는 것이다.

1996년 이해하기 쉬운 브리스톨 만들기 프로젝트는 도시정보와 길찾기에 대한 전략을 실현하기 위하여 브리스톨 시청이 창안한 전략이다. 브리스톨시가 상업과 문화적으로 선두도시가 되기 위한 전략이었으며 2001년 성공적으로 실현되어 지속적으로 확장 보완하고 있다. 브리스톨시의 주된 주제는 매력적인 자연환경을 가진 도시이며, 성장하는 다이나믹한 도시, 디자인의 혁신도시, 지속가능한 미래를 위한 개발도시를 말한다.

브리스톨시의 도시디자인 전략은 크게 네 가지로 이야기할 수 있다. 먼저 도시정체성(design identity)이다. 일관된 색상이나 서체를 적용하여 통일성을 갖추는 것이다. 사인시스템, 지도, 주차장, 아트프로젝트 등에 이러한 서체와 색채를 대입하는 것이었다. 보편적으로 사용되는 색상팔레트를 적용하여 메인은 파란색, 병원은 빨간색, 주차장은 하늘색으로 지정하였다.

둘째는 통합사인시스템(sign system)이다. 2003년까지 기존의 반복되거나 정보가 정확하지 않은 200여개의 표지판들을 철거하여 통합적인 사인시스템으로 교체하였다. 또한 브리스톨 시가의 150개의 건물들을 랜드마크로 선정하였다. 시내의 주요 출발지와 종착지들을 중심으로 지도와 사인시스템을 수정하였다. 시각장애자를 위한 말하는 사인시스템과 브리스톨 외곽에서 시내방향으로 표시하는 도로표지판도 새로 디자인되었다.

셋째, 안내지도의 혁신이다. 지도는 일반적으로 위쪽을 북쪽으로 그린다. 그러나 브리스톨의 지도는 보는 쪽을 위쪽으로 그려서 인간의 생각과 지리

상의 위치를 일치시켰다. 쇼핑객, 화장실을 급히 가고싶은 사람, 아이와 부모 등의 다양한 상황을 고려한 시나리오를 제작하여 이에 따라 안내사인을 디자인하고 제작하였다.

마지막으로 공공디자인 프로젝트를 진행하였다. 읽기쉬운 브리스톨 만들기(BCL) 프로젝트를 통해 브리스톨 시 공무원들은 창의적인 사고를 경험할 수 있었으며, 프로젝트에 참여한 디자이너들은 도시의 이동성, 정보 시스템, 가독성 등 공공디자인에 관한 깊은 사고를 할 수 있게 되었다. 독창적인 사인시스템과 지도디자인 등으로 브리스톨에 사는 사람뿐만 아니라 관광객들에게 도움을 주어 성공적이라는 반응을 얻었다. BCL 프로젝트는 2002년 Royal Town Planning Institute로부터 혁신적인 도시계획을 업적을 인정받아 혁신(innovation)상을 수상하였다.

참고문헌

•최인규, 역사로 보는 공공디자인, 도서출판가인, 2008
•서울특별시 상징개발연구 보고서, 서울특별시청, 2008
•서울색 정립 및 체계화 연구보고서, 서울특별시청, 2008
•요시다 타로, 안철환 역, 생태도시 아바나의 탄생, 들녘, 2004
•박용남, 꿈의도시 꾸리찌바, 녹색평론사, 2005

그림 41 읽기 쉬운 도시 브리스톨의 도시안내시스템

04 자연과 생태도시

4.1 생태도시계획 꾸리찌바

4.2 유기농업도시 아바나

4.3 독일환경수도 프라이부르크

4.4 지속가능한 도시 바르셀로나

4.5 그린웨이 시스템 벤쿠버

4.1 생태도시계획 꾸리찌바

브라질 남동부 파라나주의 주도인 꾸리찌바(Curitiba)는 16세기 중엽까지 유럽의 식민지였던 도시이다. 이 도시는 1960년대까지 다른 제3의 도시와 마찬가지로 급속한 인구증가와 도시환경의 문제로 고통을 받았다. 그러나 1962년 자이메 레르네르의 출현으로 도시의 상황은 바뀌었다. 그는 기존의 관행을 버리고 시민과 함께하는 정책으로 25년 동안 꾸리찌바의 성공을 일구었다.

레르네르 이후 취임한 6명의 시장 가운데 5명이 건축가이며 엔지니어였다. 그들은 계획적인 도시를 설계함으로써 공동체 구성원 모두가 동의할 수 있는 상식에 기반을 둔 도시관리정책을 진행하였다. 환경의 가치를 존중하고 시민 모두가 함께 잘살 수 있도록 형평성에 초점을 맞추어 행정을 이끌어 가는 도시이다.

에코시티 꾸리찌바의 도시목표는 효율적인 도시성장을 위한 버스교통체계를 갖추고 생태적으로 건강한 공원과 오픈 스페이스를 극대화 하는 것이었다. 그리고 인간 중심의 문화도시를 만드는 것이었다.

꾸리찌바의 도시발달과정은 3단계로 이루어지는데 1단계는 1880년대 무분별한 도시성장과 중심상업도시에 역점을 두어 환형 및 방사형 도로 건설을 추진한 시기이다. 자동차 성장에 대한 예측실패와 재원부족으로 방사형 가로건설이 무산되었다.

2단계(1964~1970)는 예비도시계획 단계이다. 도시성장패턴을 선형방식으로 전환하고 도시계획 5개 원칙을 수립하였다. 도시를 방사형 성장에서 선형성장으로 전환하였다. 중심지역의 교통혼잡을 줄이고 역사중심지를 보존하였다. 시 경계의 인구를 수용하고, 도시개발을 위한 경제적 지원을 확보하고 도시 전체적 인프라를 구축하는 것이었다.

3단계는 도시종합계획으로 세레떼 계획이라고 한다. 간선교통축을 따라서 고밀도개발을 허용하고 통합버스 시스템을 구축하였다. 역사적 건축물과 녹지지역은 보존하고 그 건물과 토지 소유자에게 인센티브를 부여하였다. 꾸리찌바의 정책의 기본원리는 저비용 고효율, 단순함과 검소함, 정확함과 속도, 그리고 창조성이다. 특히 창조성은 꾸리찌바를 개성있는 도시로 만들었으며 시민이 가진 창조성의 비밀은 바로 재미와 장난이다.

생태도시로서의 꾸리찌바는 다양한 폐기물 프로그램을 개발하였다. 쓰레기를 수거해오는 주민에게 쓰레기 구매프로그램을 만들었고, 실업자 은퇴자를 고용하여 나대지 등에 무단 방치된 쓰레기를 청소하였다.

꾸리찌바의 공원과 녹지는 그늘과 신선한 물 프로그램을 가동시켰다. 자연배수 시스템 및 하천유역을 법률로 엄격히 보호하였다. 모든 건물에 대해 식재공간을 확보하도록 의무화하였다. 나무의 벌목을 금하고 기존 나무는 등록을 의무화하였다. 또한 녹색공업단지를 조성하여 공단면적의 40%를 녹지공간으로 활용하였다. 공단은 공원이자 정원이 되었다. 꾸리찌바는 생생한 환경교육을 실시한다. 책상과 걸상을 재활용 공장에서 나온 것으로 구성하며 쓰레기박물관을 만들어 의식전환의 노력을 하였다.[4]

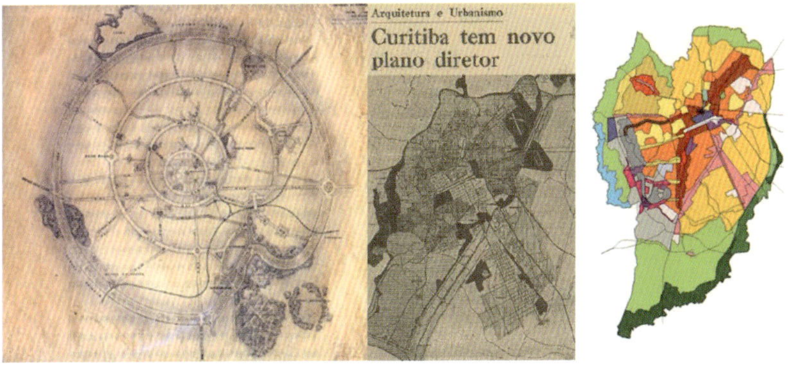

그림 43 아가쉬 계획과 꾸리찌바의 도시계획 지도

4) 박용남, 꿈의도시 꾸리찌바, 녹색평론사, 2005

4.2 유기농업도시 아바나

쿠바의 수도 아바나(Habana)는 멕시코만에 면하는 최대 항구도시이며 아메리카 대륙에서 1514년에 시작된 가장 오랜 역사를 지닌 도시이다. 1607년에 수도가 되었다. 현재는 쿠바 국민의 20퍼센트 가까운 220만이 거주하고 있으며 정치, 상공업, 문화의 중심지인 이곳에 여러 정부기관과 화력발전소, 석유정제소, 화학공장, 제지공장, 담배공장 등의 공업지대가 들어서 있다. 아바나 시가는 좁은 해협 서쪽의 반도부를 차지하는 구시가와 그 서쪽에 새로 건설된 신시가로 구분된다. 구시가는 무역항, 어업기지로서 활기를 띠고 있을 뿐이며, 식민지시대 이래 좁은 거리에 늘어선 상점은 1968년 3월에 완전히 국영화되었고, 소비도시를 이루었던 화려한 옛 모습은 전혀 찾아볼 수가 없다. 신시가는 넓은 가로(街路)에 의해서 바둑판 모양으로 나뉘어 있으며, 현대적인 고층건물과 최신설비를 갖춘 고급호텔이 해안가에 늘어서 있고, 혁명 전(前)의 고급주택은 학교, 공동주택으로 활용되고 있다.

그림 44 쿠바의 아바나 시가지의 모습

아바나는 농업이라는 새로운 경관이 추가되고 있다. 도시농업을 중심으로 도시 한복판에 7백 헥타르나 되는 녹지공원을 만들었으며 수도(首都)공원 프로젝트와 1천7백만 그루의 나무를 심어 도시 전체를 푸르게 만들려는 아바나의 녹화(綠化) 계획도 추진하고 있다. 아바나는 석유가 부족하여 차 대신 자전거를 이용하고 있으며, 수입 의약품 대신 채소농장에서 허브가 자라고 있으며, 태양전지와 바이오가스와 같은 자연 에너지가 시민의 생활을 뒷받침한다. 특히 도시농업과 유기농업은 학교교육에서도 다루어진다. 초등학교에는 어린이들이 자연과 농업을 배우는 학습시간이 마련되어 있으며, 2001년부터 시작된 프로그램에 따라 초등학교 급식에 쓰일 유기농 채소가 도시농가에서 공급되고 있다.

아바나의 지속가능한 친환경유기농업은 환경보전적 기술만이 아니라 삶의 질을 향상시키고, 사회 경제적인 측면에서 공동사회 활성화를 겨냥하였다. 10년 동안의 유기농업에 대한 실험은 쿠바를 유기농업의 메카로 만들었으며 농민의 자발적 참여와 일반 국민들의 호응, 정부와 지방자치단체 그리고 전국 과학자와 연구기관의 합작이다.[5]

그림 45 아바나시에 있는 녹지공간의 모습

5) 요시다 타로, 안철환 역, 생태도시 아바나의 탄생, 들녘, 2004, 참고

4.3 독일환경수도 프라이부르크

프라이부르크(Freiburg)는 라인강이 가까이 흐르는 독일 남서부 바덴뷔르템베르크주에 있는 도시로 1992년 이래 독일의 환경수도이다. 1992년 독일환경원조재단이 주최한 지방자치단체 경연대회서 151개 지자체 가운데 1등을 차지하여 자연 환경보호에 있어서 연방수도로 선정되었다. 이 경연대회는 독일환경원조재단이 BUND(독일환경자연보호연맹), NABU(독일자연보호연맹) 등 독일의 대표적인 환경단체와 공동으로 개최한 것이다.

그림 46 생태적으로 건강한 프라이부르크의 모습

환경수도의 주요한 기준은 환경관리조직, 지역보존 및 종(種)보호, 친환경 농업경작지 비율, 지구차원의 자연보호, 음용수 및 정수, 교통, 폐기물 처리, 에너지 절약, 환경영향평가, 환경단체와의 협력, 홍보활동 등의 12개 부문이다. 프라이부르크는 12개 부문 가운데 7개 부문에서 1위를 차지하였으며 에너지, 교통, 쓰레기 부문에서 다른 도시와 발상이 달랐다.

프라이부르크는 에너지 정책에서 원자력에 의존해온 전력공급체계에서 지역 자가발전을 지향하고 있다. 열병합 시스템을 바탕으로 한 소비전력 80% 자급계획을 수립하였고, 태양에너지 등 재생가능 에너지개발 및 에너지절약 건축물 보급에 전념하였다. 둘째는 교통정책이다. 대중교통을 확대하고 자가용 이용을 억제하는 것이 이 시의 방침이다. 이러한 가운데 지역 환경정기권인 레기오카르테(Regiokarte)가 정착되고 있다. 주택가에서는 시속 30킬로미터 이하이어야 하고 자전거 전용도로가 160킬로미터가 넘는다. 셋째는 쓰레기 정책이다. 쓰레기 분리수거와 재활용화, 각종 공공행사에서의 일회용품 사용금지 등이 철저하게 행해지고 있다. 프라이부르크는 지난 1980년대 말부터 쓰레기 분리수거에 앞장서 독일 전역에 이를 퍼뜨렸으며, 재활용되지 않는 쓰레기는 기계, 생물분해방식을 도입하여 소각처리에서의 공해문제를 해결하였다.

그림 47 독일의 생태수도 프라이부르크의 도시모습

4.4 지속가능한 도시 바르셀로나

바르셀로나는 1992년 올림픽게임의 개최지이다. 올림픽게임은 바르셀로나의 워터프론트 개발하는 시발점이 되었다. 바르셀로나의 도심재개발의 목적은 지속가능한 도시를 만들고 까탈로니아(Catalonia) 지역의 효율적인 네트워크를 형성하는 일이다. 바르셀로나의 주요 도시개발 과제를 요약하면 첫째는 교통체계의 조정, 둘째는 거점개발과 네트워크, 셋째는 환경친화적인 워터프론트의 개발이다. 이러한 과정에서 공공공간을 확대하고 베소스 강주변의 커뮤니티를 활성화 하며 해안의 새로운 레저 마리나를 건설하는 것이다. 노인을 위한 편의시설을 확충하고 구도심을 재생하는 과제를 안고 있다.

바르셀로나는 친환경 가이드라인을 제시하였다. 도시재생은 거주환경뿐만 아니라 기존에 존재하는 도시전체의 전통과 사회에 영향을 미친다. 도시재생은 이미 생성된 도시공간의 효율성을 높이는 작업으로 지속가능한 발전이어야 한다. 최대한의 녹지와 공지를 보존하여 도시를 형성하는 것이 지속가능한 개발의 형태이다.

그림 48 바르셀로나 수변공간 및 시가지의 모습

바르셀로나는 시민의 문화의식을 고취하고 참여를 유도하는 위트 있는 광고를 위해 비 디자인(B design)을 실행하였다. 먼저 바르셀로나 잘 해봐요(Barcelona Fem–ho Be) 캠페인을 실행하여 시의 웹 사이트는 물론 모든 홍보용 자료에 사용하고 있다. 바르셀로나의 시민들이 모여 큰 B 바르셀로나를 만든다는 것이다. 둘째 깨끗한 바르셀로나(Barcelona Ciutat Neta)의 약어로 BCNeta!이다. BCN은 바르셀로나의 약자이며 Neta는 까달란어로 깨끗하다는 의미이다. 바르셀로나 캠페인의 성격을 잘 나타내며 시가 사용하는 파란색 계열과 자연과 재활용을 의미하는 초록색의 친숙한 이미지를 가지고 있다. 마지막으로 바르셀로나 아름답게 입어요(Barcelona posa't guapa)이다. 바르셀로나 시정부가 중심이 되어 살기 좋은 도시로 만들자는 의지가 담긴 캠페인이다. 바르셀로나 시가 도시의 오래된 건축물을 재정비하는 차원에서 시작한 오랜된 정책이다. 15년간 바르셀로나 전체 20%의 건축물을 새롭게 단장하였으며 바르셀로나만이 지닌 아이덴티티를 유지하는 비결이기도 하다.

그림 49 바르셀로나의 즐거운 경고사인

바르셀로나가 1999년 RIBA상을 수상하고 세계유력여행전문지가 여행할만한 도시로 선정한 이유는 그들에게 주어진 자연자원이나 선조들의 업적만이 아니다. 바르셀로나 시정부와 시민들의 수준높은 문화에 대한 이해를 바탕으로 하는 재미있고 유익한 디자인 정신이 이 도시를 아름답게 만드는 것이다. 캠페인을 위한 캠페인이 아니라 친숙한 공공디자인은 그들의 미래와 생활을 중시한다. 바르셀로나가 펼치는 캠페인은 전달받는 사람들로 하여금 즐거운 마음으로 자발적으로 참여할 수 있는 위트가 담긴 공공디자인의 힘을 잘 보여준다.[6]

그림 50 바르셀로나 시의 거리시설물

---

6) 서울특별시, 서울 도시디자인 기본계획 자료집, 2006 참고

4.5 그린웨이 시스템 밴쿠버

그린웨이(green way)라는 말은 일반적으로 녹음이 우거진 공원, 호수, 하천을 따라 난 산책로를 의미한다. 이 그린웨이라는 말은 애초에 도시계획이나 조경학에서 도시환경에 적용시키기 전에는 야생동식물의 서식지와 활동영역이 단절되거나 파괴되는 것을 막고, 다른 지역으로 자유롭게 이동하기 위한 인공구조물이나 식생을 통해 만든 생태적 공간이라는 의미로 사용된다. 벌채하고 남은 숲은 도시의 공원이 되고 녹지와 녹지를 연결시키고 남겨진 숲과 숲을 연결시키는 그린웨이는 숲에서는 이용자가 동물이지만 도시에서는 시민이 된다.

현대에는 그린웨이가 더욱 포괄적으로 사용된다. 곧 선형의 옥외공간, 시민들의 다양한 야외공간을 뒷받침하는 공간으로서 확대되고 있는 것이다. 시민들의 생활양식이 변하면서 공원이나 녹지의 이용형태도 점차 다양해지고 있다. 시민들은 산책하기도 하고 조깅을 하기도 하고 스낵을 먹기도 하고 잠시 명상에 잠기고 싶어 한다.

밴쿠버는 그린웨이 시스템을 가장 완벽하게 보여주는 도시이다. 자연과 함께하는 도시생활이 밴쿠버에는 현실로 나타난다. 밴쿠버의 강점은 그린웨이 전략이 단계적으로 잘 짜여져서 시민들의 개개인의 집 앞까지 그린웨이가 연결된다는 점이다. 그린웨이를 따라 직장에 출근하고 학교를 다니며 쇼핑을 갈 수 있다.

밴쿠버 시는 그린존 전략계획(green zone strategy)을 가지고 있다. 도시가 무질서하게 확장되는 것을 막고, 도심의 여러 중심지를 활성화함으로써 정체성을 유지시키며 도시팽창에 따른 사회비용을 줄이고 기존 녹지공간을 보호하는 것이다. 밴쿠버는 공원 및 외부공간 레크레이션 시스템(PORS: Parks and Outdoor Recreation System)을 가지고 있다. 밴쿠버는 온화한 기후로 주민들이 하이킹, 등산, 스키, 카약, 윈드서핑 등의 다양한 외부활동을 한다. 이러한 주민들의 여가 활동에 좀더 쾌적한 환경을 제공하기 위해 공원과 각종 야외 활동지를 서로 연결하는 것이다. 그렇게 하면 시민들이 이용하기 쉬워져 각 공원의 가치를 향상시키는 효과를 얻을 수 있다. 하루 동안에 각 공원을 연결하는 통로를 이용하여 여러 장소를 방문할 수 있으므로 선택의 폭이 넓어진다. 현재 진행 중인 PORS의 통로계획은 사람과 야생동물을 함께 수용할 수 있는 자연적 연결통로를 선호하고 있다. 이 시스템이 정착되면 생물이동통로로서의 역할로 생태적 가치가 증가할 것이다.

그림 52 그린웨이 시스템이 잘 갖추어진 도시 벤쿠버의 시청사

참고문헌

•최인규, 역사로 보는 공공디자인, 도서출판가인, 2008
•서울특별시 상징개발연구 보고서, 서울특별시청, 2008
•서울특별시, 서울 도시디자인 기본계획 자료집, 2006
•서울색 정립 및 체계화 연구보고서, 서울특별시청, 2008
•요시다 타로, 안철환 역, 생태도시 아바나의 탄생, 들녘, 2004
•박용남, 꿈의도시 꾸리찌바, 녹색평론사, 2005

그림 53 벤쿠버의 도시예술품

05 여가와 도심공간

5.1 베를린 포츠다머 플라츠

포츠다머 플라츠는 베를린 티어가르텐(Tiergarten)공원 남동쪽에 위치한 시가광장(town square)이다. 명칭은 베를린에서 남서쪽으로 25km 떨어진 포츠담(Potsdam)이라는 도시에서 유래하였다. 이곳은 포츠담과 베를린을 잇는 오래된 주요도로가 지나가는 교차 지점으로 제2차 세계대전 이전에 유럽에서 가장 혼잡한 교차로의 역할을 하였다. 그러나 세계대전과 냉전시대를 겪으면서 베를린 장벽으로 양분된 이래 과거의 모습은 자취를 감추고 황량하게 방치되었다. 1989년 베를린 장벽의 붕괴와 함께 크게 재개발되어 오늘날 화려한 신도시의 심장부로 부상했고, 베를린을 대표하는 상징적인 장소가 되었다. 1990년 이후 유럽에서 가장 대규모의 독특한 건물들이 들어선 장소로 조명을 받고 있으며, 도시 건축가 및 설계자들에게 주목을 받는 곳이 되었다.

그림 54 포츠다머플라츠의 소니센터, 독일 베를린

재개발 초기 많은 비난여론에도 불구하고 시 정부는 이곳을 4개의 지구로 나누어 개발하였다. 가장 큰 지구는 이탈리아 건축가 렌조 피아노(Renzo Piano)가 개발을 수행하였고, 자동차회사인 다임러크라이슬러 기업이 들어와 있다. 두 번째 지역에는 소니(Sony)의 유럽본사가 입주해 있으며, 특히 헬무트 얀(Helmut Jahn)에 의해 건축된 소니센터는 독특한 건축양식과 화려함으로 베를린에서 가장 현대적인 건축물로 꼽힌다.

포츠다머 플라츠는 과거의 건축 및 가로 패턴을 그대로 유지하기 위해 도시계획도로에 의해 자연스럽게 구분하였고, 각각의 지구는 개별 투자기업별로 건축 공모전을 시행하여 고유의 특색을 가지게 되었다. 포츠다머 플라츠 도심재개발은 민관합동개발로 1993년에 착공되어 2000년에 완성되었다. 2002년에는 일부 건축물이 추가 계획되었다.

그림 55 렌조피아노의 포츠다머플라츠

5.2 시카고 그랜트와 밀레니엄 파크

시카고 그랜트파크(Grant park)는 1871년 대화재의 잔해를 미시간호에 버리면서 생겨난 매립지에 빌딩건축 계획을 철회하고 1911년 시민을 위한 장소로 만들어졌다. 공원의 이름은 남북전쟁 당시의 연합군 장군이며 제18대 대통령인 그랜트(Ulysses S. Grant)를 기념하여 이름이 붙여졌다.
공원은 프랑스 공원양식을 기본으로 기하학적인 디자인을 띠고 있다. 공원은 잔디, 나무, 기념비 구역으로 나뉘며 미국의 대통령 링컨의 동상이 있다. 미시간호수 변으로 자전거와 조깅을 하는 산책로가 있으며 공원 안에는 테니스장, 미식 축구장 등의 시설이 갖추어져 있다. 또한 공원의 남쪽에는 애들러 천문대, 셰드 수족관, 필드 자연사 박물관 등이 위치한 박물관 캠퍼스가 자리하고 있다. 공원의 중앙에는 미국에서 가장 아름다운 분수로 알려진 클래런스 버킹엄 기념분수가 있다. 이 분수는 케이트 버킹엄(Kate Buckingham)이 자신의 남동생을 기념하여 건축한 것으로 프랑스 베르사유 궁전에 있는 분수를 바탕으로 아름다운 색색의 분수가 약 40m까지 솟으며 5월 하순에서 9월 초까지 가동된다. 2001년에는 공원 북쪽 약 10만 평방미터의 공간에 밀레니엄 공원이 새롭게 조성되었다.

밀레니엄 파크는 예술, 음악, 건축, 조경디자인을 망라하였다. 시카고시와 필라트로픽 커뮤니티 간의 파트너십의 결과이다. 밀레니엄 파크의 가장 유명한 건축물은 프랑크 게리가 디자인한 제이 프리커 파빌리온(Jay Pritzker Pavilion)이다. 재미 플렌사(Jaume Plensa)의 인터랙티브한 크라운 샘(Crown Fountain)은 밀레니엄 파크의 명물이 되었다.

그림 57 시카고 밀레니엄 파크의 크라운 샘(Crown Fountain)

5.3 오오사카 난바파크

난바(難波)파크는 오오사카(大阪) 시에서 관서지방을 대표하는 번화가 미나미에 위치하고 있다. 미나미는 역사적인 시가지와 미국마을 등의 젊은 사람들의 문화가 복합적으로 존재하는 개성있는 장소이다. 난바지구는 4개의 철도가 교차하는 교통의 요충지이기도 하다.

그림 58 오사카 난바파크의 건축물에 있는 녹지공간의 모습

난바파크지구는 1950년대 중반 오오사카 지방의 프로야구구단 난카이 호크스의 홈그라운드 야구장이 위치한 장소였다. 1989년 오오사카시에 돔구장이 생기게 됨으로써 난바지구의 야구장은 주택전시장으로 전용되어 사용되었다. 도심상업지구의 활성화를 위해 복합개발 프로젝트로 재개발을 진행하여 2004년 1단계 사업을 마무리하였다.

난바재개발 프로젝트의 특징은 옥상녹화를 시도한 건축물디자인이다. 도심내의 대규모 공원을 연상하는 인공구릉지를 조성하는 계획이다. 인공 구릉지는 도시경관에 활력을 불어 넣으며 일반시민에게 열린 공간으로서의 녹지를 제공하게 된 것이다.

난바재개발은 업무시설인 파크타워를 조성하면서 랜드마크를 통하여 새로운 스카이라인을 형성하였다. 저층부에는 쇼핑센터를 건설하고, 고층부에는 주변지구와 새로운 조화를 이루는 스카이라인을 형성하였다. 파크가든과 연계관계를 가지면서 쾌적한 업무지구를 형성하였다. 또한 보행로와 차도를 분리함으로써 보행자와 차선의 진입의 위계를 명확히 하였다.

그림 59 오사카 난바파크의 모습

5.4 캐널시티 하카타

캐널시티 하카타 프로젝트는 일본 큐슈지방을 대표하는 도심재개발 복합용도 개발 프로젝트로 화장품 개발회사인 가네보 공장의 이적지를 개발한 도심재생 프로젝트이다. 연면적 8만평에 이르는 토지를 20여년의 세월에 개발하여 1996년에 완성하였다. 후쿠오카시 중심부에 위치하면서 큐슈지방의 대규모 상업시설로서 지역경제를 활성화 시키는 프로젝트이다. 도심상업시설에 인공운하가 흐르는 중정이 있는 장소성을 개발하는 프로젝트로 전형적인 시간소비형 공간을 개발하는 것이었다.

프로젝트의 기본설계는 미국의 상업시설을 설계하는 존더디 파트너스(The Jerde Partnership International Inc.)가 담당하였는데 대담한 색채를 사용하는 등 환경연출이 돋보이는 도심재생 프로젝트이다.

그림 60 커낼시티 하카타의 모습

캐널시티는 지역환경과 연계된 중심상업시설로 다양한 레벨에서의 진입공간 형성, 통일감 있는 건축물의 높이 계획과 강렬한 색채계획으로 지역의 랜드마크를 형성한다. 또한 캐널시티는 단순한 상업시설의 건설이 아니라 다양한 시민들이 즐기고 체험할 수 있는 공간을 창조하는 것을 목적으로 하였다. 그래서 건축, 조명, 그래픽, 분수디자인 분야의 전문가를 포함한 협력팀으로 프로젝트가 진행되었다.

자연보호와 생태적인 고려로 우수를 이용한 친수공간을 창출하여 장소에 따라 다양한 수공간을 연출하고 있다. 또한 수질을 자동적으로 조절하여 쾌적한 물의 도시를 형성하고 있다.

그림 61 캐널시티의 모습

5.5 록본기힐즈 아트트라이앵글

동경의 도심과 부도심의 중간지역에 위치한 록본기는 아카사카 등의 업무지구, 가스미가세끼의 관청가, 아오야마 등의 상업지, 아자부, 히로오 등의 주택지와 인접해 있다. 주변에는 각국의 대사관, 외국계 기업, 미디어 관련 기업, 문화시설 등이 위치하고 있어 동경의 전형적인 고급 주택지를 형성하고 있다.

록본기 재생프로젝트의 개발이념은 동경의 문화거점으로서 다양한 도시복합용도의 도입과 더불어 문화시설의 집중적인 유치를 들 수 있다. 기성시가지의 노후한 주택들을 국제적인 수준으로 끌어올리고 문화공간을 가지는 도시상업지를 개발하는 프로젝트이다. 이를 위해 모리부동산과 지역주민 재개발조합이 사업주체가 되고 KPF(John Jerdy Partners)를 초청해 시가지 개발의 모델 프로젝트가 되었다.

록본기 프로젝트는 지구전체의 시각적 인지성과 중심성을 부여하는 록본기힐즈 모리타워와 고층타워 등이 랜드마크를 형성하고 있다. 지역 활성화를 위한 문화 인프라를 조성하여 록본기 전체가 유기적인 관계를 형성하였다. 록본기는 주거, 상업, 업무 및 공용시설, 지역커뮤니티 시설, 오픈스페이스 등 지구전체의 테마를 갖추어 가로활성화를 도모하면서 계획되었다.

참고문헌

• 크리스티안 미쿤다, 최기철 박성신 역, 제3의 공간, 미래의 창, 2005
• 최인규, 역사로 보는 공공디자인, 도서출판가인, 2008
• 이정형, 도시재생과 경관만들기, 발언, 2007

그림 62 록본기 힐즈의 모리타워

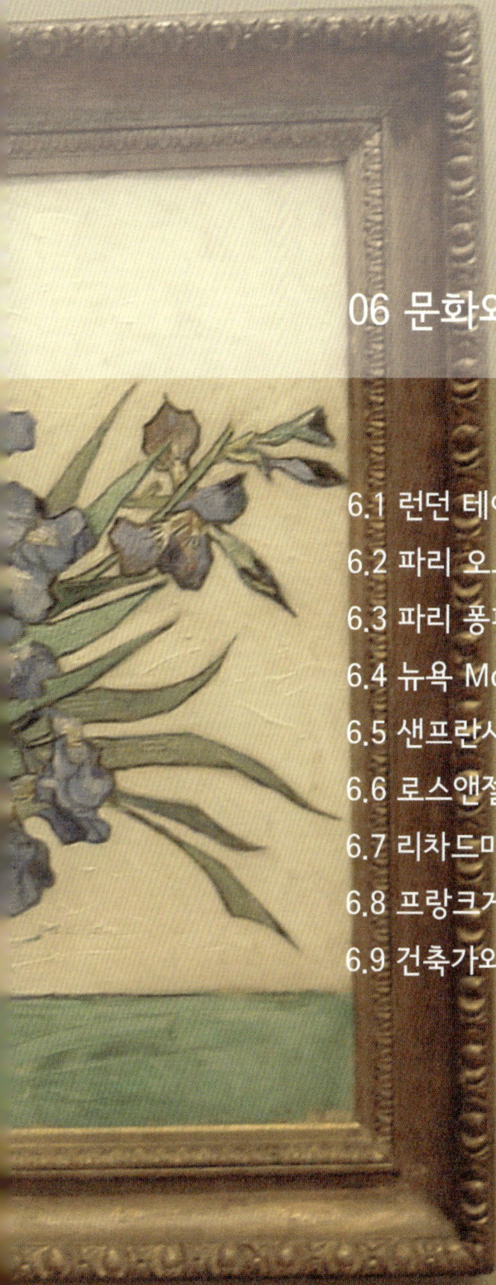

06 문화와 건축공간

6.1 런던 테이트모던미술관

테이트모던미술관(Tate Modern Collection)은 1981년 문을 닫은 뱅크사이드(Bankside) 발전소를 개조하여 2000년 개관한 런던의 현대미술관으로 템스강의 관광객을 유치하기 위하여 조성되었다. 20세기 이후의 현대 미술품을 전시하는 것을 원칙으로 한다. 템스강 북쪽과 2000년에 새로 지은 밀레니엄 브리지로 연결된다.

건물 외벽은 벽돌로 된 직육면체이며, 모두 7층이다. 건물 한가운데 원래 발전소용으로 사용하던 높이 99m의 굴뚝이 솟아 있는데, 반투명 패널을 사용하여 밤이면 등대처럼 빛을 내도록 개조하였다. 스위스 정부의 지원을 받아 만들어 스위스 라이트(Swiss light)라고 부르는 이 굴뚝은 오늘날 테이트 모던의 상징이다.

전시 작품은 테이트갤러리에 있던 20세기 이후의 미술작품들이다. 이들 작품을 20세기 전체를 아우르는 4가지 주제인 풍경(사건과 환경), 정물(오브제와 실제의 삶), 누드(행위와 몸), 역사(기억과 사회)로 나누어 각각 역사적 맥락 속에서 어떻게 변형이 이루어졌는지를 보여줌으로써 현대미술의 중심을 뉴욕에서 런던에서 옮겨왔다는 평가를 받기도 한다.

그림 63 밀레니엄브리지와 테이트모던미술관

6.2 파리 오르세미술관

오르세미술관(Orsay Museum)은 1804년 최고재판소로 지어진 건물로 오르세 궁(宮)이라 불렸으나 불타 버리고, 1900년 개최된 파리만국박람회를 계기로 파리국립미술학교 건축학 교수였던 빅토르 랄로에 의하여 오르세역(驛)으로 다시 지어졌다. 현대적으로 지은 역사였으나 1939년 문을 닫게 된 이후 방치되었다가 1979년에 현재의 미술관 형태로 실내 건축과 박물관 내부가 변경되어 1986년 오르세미술관으로 개관되었다.

인상파 미술관에 전시하던 인상파 회화를 비롯한 19세기 미술작품을 주로 전시하고 있다. 인상주의를 대변하는 많은 그림을 소장하고 있어 일명 인상주의 미술관으로 불리기도 한다. 현대 미술학의 살아 있는 교과서로서 사실주의에서 인상주의, 상징주의 등 근대에서 현대로 넘어가는 가장 중요한 작품들이 소장되어 있는 전시공간일 뿐 아니라 공연, 교육, 토론의 장소로도 애용되는 다기능 문화 공간이다.

오르세미술관은 19세기 미술의 중심은 인상파, 후기인상파, 신인상파 등의 회화이지만, 여기서는 회화뿐 아니라 그 그림이 탄생한 당시의 장식품, 조각품, 건축양식, 풍속 등도 볼 수 있다. 19세기의 역사관이라 할 수 있다.

그림 65 파리 오르세미술관(Orsay Museum)

6.3 파리 퐁피두센터

프랑스 파리의 보부르에 있는 예술·문화 활동의 여러 기능이 집결된 건축물인 퐁피두센터(Centre Pompidou)는 소재지구의 명칭을 따서 보부르 센터라고 부르기도 한다. 도서관(BPI), 공업창작센터(CCI), 음악과 음향의 탐구와 조정 연구소(IRCAM), 파리국립근대미술관(MNAM) 등이 있다. 이 센터의 탄생에 힘을 기우린 대통령 퐁피두의 이름을 붙여 1977년에 개관하였다. 설계 공모를 통해 이탈리아인 렌조 피아노와 영국인 리차드 로저스의 공동설계가 채택되었다.

거대한 철골 트러스 속에 여러 시설을 위한 자리가 마련되어 있으며, 설비 배관이 적색과 청색의 원색으로 칠해져 있다. 문화의 공장이라고 할 수 있는 대담한 이미지와 자유롭게 내부의 변경이 가능한 설계가 파리건축계에 충격을 주었다. 견학자의 70%는 문화시설을 이용하지 않고 건물 내부를 보는 것만으로도 만족해한다.

그림 66 파리 퐁피두 센터

6.4 뉴욕 MoMA

1929년 창설된 모마(MoMA: The Museum of Modern Art)는 미술 작품을 비롯하여 영화, 사진, 건축, 디자인 등을 미술의 중요한 영역으로 동등하게 설정한 최초의 미술관이다. 이 미술관은 존 록펠러 주니어(John Rockfeller Jr.) 부인 등 3명의 여성이 중심이 되어 인상파 이후의 유럽 미술을 소개하자는 목적으로 창설하였다. 처음에는 세잔(Cezanne), 고흐(Gogh), 고갱(Gauguin) 등의 작품이 미술관의 핵심이 되었다. 이후 소장품의 증가로 수차례 증개축을 통해 확장해오다 1984년 대폭적인 증축을 거쳐 오늘날의 도시적 면모의 미술관으로 태어나게 되었다.

그림 67 2005년 재개관 한 뉴욕 모마(MoMA)

MoMA는 소장품을 6개 분야로 나누어 전시, 관리하고 있는데, 건축과 디자인 작품(Architecture and Design), 소묘작품(Drawings), 영화와 비디오 작품(Film and Video), 회화와 조각 작품(Painting & Sculpture), 사진작품(Photography), 판화와 삽화작품(Print and Illustrated Books) 으로 나뉜다. 이 미술관은 지난 1933년부터 영화를 예술의 장르로 포함시켜 매일 영화를 상영하고 있다. 미국 내에서 가장 많은 1만4000여점의 영화작품을 갖추고 있다.

MoMA는 2001년 5월 시작된 맨해튼 건물의 재건축 공사 기간에 인근 퀸스의 임시건물로 일시 이전한 후 2년 반에 걸친 재건축을 완료하고 2005년 11월 재개관 했다. 일본인 건축가 다니구치 요시노가 설계한 새 MoMA 건물은 6개 층에 걸쳐 연면적 이 5만6천70m^2에 이르며 전시공간은 1만1천250m^2로 종전의 7천650m^2에 비해 크게 늘어났다.

그림 68 뉴옥 모마의 근대디자인 관련 전시

6.5 샌프란시스코 SFMoMA

샌프란시스코현대미술관(SFMoMA: San Francisco Museum of Modern Art)은 1935년 몰리(Grace L. McCann Morley)의 감독 아래 샌프란시스코미술관으로 개관하였다. 1957년까지 몰리가 미술관 감독을 맡았으며 그 이후에는 쿨러(George Culler), 노를랜드(Gerald Nordland), 홉킨스(Henry Hopkins), 레인(John Lane), 로스(David A. Ross)가 뒤를 이었다. 미술관은 크게 그림 및 조각관, 사진관, 건축 및 디자인관, 미디어아트관으로 이루어져 있다. 그림 및 조각관에는 스틸(Clyfford Still), 폴록(Paul Jackson Pollock), 구스턴(Philip Guston) 등 미국 추상표현주의 작가들의 작품뿐 아니라 독일 표현주의, 야수파, 멕시코 화가들의 작품 등 다양한 작품들이 전시되어 있다.

건축 및 디자인관은 1983년 스위스의 세계적인 건축가 보타(Mario Botta)가 설계한 것으로, 보타의 건축 작품 중 가장 훌륭한 작품의 하나로 꼽힌다. 미디어아트관은 1988년에 설립되었는데, 이곳에서는 대중을 위한 전시 및 교육, 행위예술, 영화 등 다양한 행사를 개최한다.

그림 69 샌프란시스코 SFMoMA의 로비

6.6 로스앤젤레스 LACMA와 MoCA

로스앤젤레스카운티박물관(LACMA; LA County Museum of Art)은 5개동의 건물로 이루어진 미국 서해안 최대의 미술관이다. 로스앤젤레스의 신진 아티스트는 물론이고 19세기와 20세기의 거장들이 남긴 작품들이 대다수 있다. 서쪽의 에먼스(Ahmanson) 빌딩은 상설전시관이며 북쪽의 해머(Hammer) 빌딩은 현대미술의 상설과 기획전시를 주로 한다. 건축물의 구조보다는 방대한 양의 예술품을 상설전시와 기획전시를 통하여 로스앤젤레스의 문화적 기반을 구축하는 박물관이다.

그림 70 로스앤젤레스 카운티 박물관(LACMA)

로스앤젤레스 현대미술관(MoCA: The Museum of Contemporary Art)은 1986년 다운타운 재개발 프로젝트에 의해서 1%의 세금으로 만든 미술관이다. 현대미술관은 일반적으로 후기 인상파 무렵부터 전시하는 것이 보통이지만 1940년 이후의 현대미술만을 모아둔 것이 MoCA의 특징이다. 가장 인상적인 멀티미디어 기념관을 비롯하여 미술작가들의 최신 조각과 회화를 감상할 수 있다. 뉴욕 근대미술관(MoMA; Museum of Modern Art)와 대별하여 MoCA라고 부른다. MoCA의 자매관으로 템퍼러리 컨템퍼러리 미술관(Temporary Contemporary)이 리틀도쿄 부근에 있다. 이전의 로스앤젤레스 시경찰 창고를 개조해 만든 미술관으로 전시품은 MoCA와 같지만 공간이 넓고 높은 천장으로 다른 분위기를 연출한다.

그림 71 리틀도쿄 부근에 있는 템퍼러리 컨템퍼러리 미술관(Temporary Contemporary)

6.7 리차드 마이어 게티센터

제3세대 대표적인 건축가의 한 사람인 리차드 마이어(Richard Meier)가 설계한 게티센터는 산타모니카 해변과 UCLA 캠퍼스가 내려다보이는 브렌우드 언덕 정상에 자리하고 있다. 지금의 건물은 1997년에 새로 건축된 것이며, 게티의 자택 겸 미술관에 있었던 미술품들을 이곳으로 옮겨 왔다. 게티센터 내의 모든 건물은 하얀 대리석으로 지어져 있어 건축물로서도 매력적인 곳이다. 폴 게티(Paul Getty)는 스물세 살 때 아버지의 석유회사를 물려받아 서른여덟 살에 은퇴하였고 미술품을 수집하러 세계를 돌아다녔다. 전시물들은 귀중한 그림과 조각뿐 아니라 실내장식품, 시계, 사진까지 다양하다. 귀중한 전시물들이 여유롭게 배치되어 있는데, 전시에만 그치는 것이 아니라 미술품의 복원과 교육 부문에도 힘을 쏟는 종합 미술 센터이기도 하다. 서관 1층에는 기원전 5세기경에 만들어진 아프로디테 상을 비롯하여 훌륭한 조각품이 전시되어 있다.

리차드 마이어의 게티센터는 백색건축의 진수를 보여주는 건축물이다. 리차드 마이어의 건축이념은 르 꼬르뷔지에와 알바알토의 이념을 자신의 작품에 대입시켜 꾸준히 발전시키면서 이루어졌다.

그림 72 게티센터(Getty Center), 로스엔젤레스, 캘리포니아

6.8 프랑크 게리 월트디즈니 콘서트홀, 비트라박물관

로스앤젤레스 월트디즈니 콘서트홀(Walt Disney Concert Hall)은 월트 디즈니의 미망인 릴리안 디즈니(Lilian Disney)가 남편을 기리기 위해 1987년 로스앤젤레스에 기증함으로서 1992년에 착공되어 2003년 10월에 완공되었다. 프랭크 게리(Frank Gehry)가 설계를 담당하였는데, 건물의 외관을 스테인리스스틸로 덮어 장미꽃이 피는 모습을 형상화하였다.

도쿄의 산토리 홀을 설계한 일본의 음향학자 야스히사 도요타(Yasuhisa Toyota)가 내부를 설계하여 완벽한 음향효과가 나도록 하였다. 무대를 홀의 중앙에 위치하여 원형 경기장과 같이 모든 청중이 무대를 향해 앉을 수 있도록 좌석을 배치하였고, 물결모양의 천정 또한 음향을 고려하여 설계된 것이다. 건축가 게리가 디자인한 독특한 모양의 파이프오르간이 정면에 설치되어 있다.

월트디즈니 콘서트홀은 로스앤젤레스의 중심지이며 그 건너편에는 로스앤젤레스 현대미술관(MoCA)이 있어서 건축물과 그 주변의 장소성이 문화적인 이미지를 가지고 있다.

그림 74 디즈니 콘서트홀, 로스앤젤레스, 캘리포니아

6.9 건축가와 비트라박물관

의자와 사무가구의 명품인 비트라의 최고경영자 한스 피터 콘 사장은 가구는 공간과 어울려야 한다는 말로 공간의 중요성을 강조하고 있다. 독일과 스위스에 걸쳐 있는 비트라 가구단지는 그 자체가 디자인된 공간이다. 가구단지 초입에는 기하학적인 선과 곡면의 조각작품 같은 비트라 디자인 박물관이 들어서 있다.

독일의 북부에 있는 비트라박물관은 의자를 비롯한 현대의 가구들을 전시하는 박물관이다. 프랑크 게리, 자하 하디드, 안도 다다오 등의 건축가에 의해 건축된 건물로 유명하다. 특히 프랑크 게리가 디자인한 박물관은 비트라박물관의 랜드마크이기도 하다.

참고문헌

•크리스티안 미쿤다, 최기철 박성신 역, 제3의 공간, 미래의 창, 2005
•이정형, 도시재생과 경관만들기, 발언, 2007
•최인규, 역사로 보는 공공디자인, 도서출판가인, 2008
•홍성용, 스페이스마케팅, 삼성경제연구소, 2007
•서울시 도시갤러리추진단, 도시가 작품이다 서울시 도시갤러리 프로젝트, 2008

그림 75 비트라박물관의 전시실

50780

07 도시브랜드와 마케팅

7.1 도시재생 프로젝트

근대도시계획의 비판과 반성을 통하여 현대도시 만들기 이론은 큰 전환점을 맞이하였다. 가로공간을 중심으로 한 활력 있는 도시, 도시의 다양성 확보, 도시보존 및 재생수법 등 3차원 공간이미지와 지역사회의 생활상을 반영하는 도시 만들기가 시대의 화두로 등장하였다.

20세기의 근대도시계획은 비인간성, 몰개성성, 기능성 위주로 되어 있다. 모더니즘 도시로 이를 극복하기 위한 새로운 공간논리가 개발되었다. 먼저 지역성, 장소성 그리고 역사성에 부응하는 도시를 창조하는 것이며 다양한 주체들의 의견을 모으고 이들을 참여시키는 프로세스가 중요하게 되었다. 종전에는 도시개발의 문제가 개발업자와 행정중심의 도시 만들기였다. 그러나 현대는 주민, 시민단체, 행정 등이 다양하게 참여해 도시공간과 경관을 형성하는 개념으로 변화하였다. 둘째는 지구계획이나 도시를 구획하는 작업을 정치가나 행정가, 도시전문가의 두뇌에 의존하였다. 그러나 이제는 시민이나 수요자의 요구로부터 도시가 계획되고 있다. 이는 도시공간의 계획이 단순한 하드웨어의 구축이 아니라 소프트웨어적인 구축이 중요하며 도시에 사는 사람들의 경제활동과 깊게 관련되어 있기 때문이다. 마지막으로 도시는 다양성과 복합성에 초점을 맞추어 도시공간의 역사적 문화적 매력을 회복하거나 창조하여야 한다. 기존의 오래된 도시는 역사성을 기반으로 매력을 회복하여야 하고, 새로운 신도시들은 역사성과 문화성의 창조를 위한 문화논리를 개발하여야 한다. 다른 도시의 이야기 개발방법은 쉽게 다른 도시로 전파되지 못한다. 왜냐하면 도시는 문화적 개성이 존중되기 때문이다. 같거나 비슷한 도시는 이제 매력이 없다.

도시재생을 위한 경관과 도시공간의 전략을 위한 구체적인 디자인방법으로는 도시가 가지고 있는 역사지구의 보전과 조화로운 개발, 복합화된 도시중심재개발, 공동재건축을 통한 기존도시의 연속적인 갱신화 활성화, 장소성에 근거한 점진적인 도시경관의 형성, 마지막으로 주거시가지(urban village)의 재생 등으로 나눌 수 있다. 기존의 많은 도시들이 이제 재생과 부활을 꿈꾸고 있다. 거기에는 하드웨어적인 부흥도 있지만 구성원들과의 협의에 의한 소프트웨어와 프로그램의 계획이 더 절실한 시대가 되었다. 도시는 다시 젊어지길 고대하며, 성숙해 보이길 은근히 기대하고 있다.

7.2 도시와 문화마케팅

세계적으로 박물관의 수는 5만여 개에 이르며 우리나라에는 340여개의 등록된 박물관이 있다. 박물관은 수집에서 경영과 마케팅에 이르는 다양한 기능을 수행하면서 타임캡슐로서의 문화유산의 보전과 전승, 지역간 또는 국제적인 문화교류를 시키는 문화적 역할, 문화 향수 기회와 교육콘텐츠를 제공하는 사회교육적 역할, 지역이나 국가의 이미지를 향상시키는 정치적 역할 마지막으로 문화관광과 연계되어 지역이나 국가의 경제 활성화와 같은 경제적인 역할을 담당한다.

박물관의 역할 가운데 가장 부상하고 있는 것은 경제적인 역할이다. 박물관은 관람객의 유입으로 발생하는 수익뿐만 아니라 궁극적으로 지역이나 국가 경제에 회생에 기여하는 경제적 역할을 또한 담당하고 있다. 문화원형 콘텐츠로서 그와 동시에 관광 콘텐츠로서, 그리고 동시에 지역공동체나 국가의 홍보 및 경제 활성화의 원동력이며, 더 나아가 직업창출과 고용증대로 이어지게 된다. 이러한 맥락에서 프레이(Bruno Frey, 1998)는 메트로폴리탄 미술관, 보스톤 순수미술관, 워싱톤의 국립미술관, 시카고 미술원, 구겐하임 미술관, 프라도 박물관, 대영박물관, 루브르 박물관, 에르미따쥬 박물관, 우피치 미술관, 스미스소니언 박물관 등을 슈퍼스타 박물관(Superstar museum)이라는 용어로 표현했으며 이들 박물관의 문화 관광(cultural tourism) 효과가 지역뿐만 아니라 국가경제에 미치는 파급효과를 강조했다.

도시에서 문화는 이제 산업으로 성장하였다. 문화는 역사성과 장소성이라는 두 가지 측면을 갖는다. 그렇게 때문에 문화는 도시와 불가분의 관계에 있다. 기본적으로 도시는 문명의 상징이다. 도시는 문화의 토대이며 문화를 위한 영향분이다. 도시의 많은 콘텐츠는 문화의 성장에 기초가 되며 현대는 문화와 문화 간 결합과 상호작용이 중요한 문제로 대두되고 있다. 이제 문화는 경제와 손을 잡으면서 새로운 특성을 개발하고 있으며 도시는 문화를 하나의 산업과 환경으로 구성하기 위해 아이디어를 내고 있다. 도시계획가와 건축가, 디자이너들은 예술과 문화를 이해하여야 하며 이것이 어떻게 경제적으로 작용하는가를 연구하는 시대가 되었다. 도시는 문화이며 문화는 경제다.

7.3 도시브랜드와 도시마케팅

국가중심의 사회에서 도시중심으로 사회로 전환되었다. 국가의 경재력이 이제는 산업의 경쟁력과 더불어 도시의 경쟁력이 첨가되었다. 지방자치단체가 주도하는 새로운 전략이나 도시개발 프로그램이 이제는 보편화되었다. 이러한 과정에서 도시는 스스로 경영하는 문화가 생겨났다. 이제는 도시행정이라는 용어보다 도시경영이라는 말이 보편화 되고 있다. 국가의 보호막을 받았던 도시가 이제 경쟁체제에 돌입하게 되었고 이제 도시는 자기 스스로를 관리하여 능률성과 효율성, 그리고 주변에 대한 대응성이 중요한 시대가 되었다. 그렇기 때문에 이제 더 이상 도시행정이기 보다 도시경영이라는 개념이 더 적합한 시대가 되었다.

자유경쟁체제에서 민간기업의 생존원리는 이윤극대화이다. 그러나 공공부문에서 생존원리는 주민복지 극대화라고 할 수 있다. 그러므로 도시경영이란 도시정부의 제약조건인 재원과 전문성의 부족이라는 대전재를 받아들이지만 그것을 극복하기 위하여 민간부문의 경영원리를 도시정부의 행정원리에 도입하여 최소의 시민희생으로 최대의 시민복지를 추구하는 방법이라고 할 수 있다.

도시는 도시경영뿐만 아니라 도시브랜드의 시대가 되었다. 도시경영을 원활히 하기 위해서는 도시브랜드를 가져야 한다. 과거의 권위적인 브랜드는 자유경쟁체제에서 도움이 되지 않는다. 그러나 민간부문과는 다른 브랜드의 성격을 가지고 있다. 도시브랜드는 만인을 위한 브랜드여야 한다. 특정한 대상을 가지고 도시브랜딩을 할 수 없다. 물론 취양의 문제는 있지만 도시드랜드는 보편성에 기초한 도시개성을 추구하여야 한다. 그러므로 대부분의 도시전략은 쉽고 눈높이가 낮다. 둘째 도시브랜드는 그 도시만의 개성으로부터 도출되어야 한다. 도시의 역사와 문화 그리고 추구하는 산업을 중심으로 도시브랜드를 개발하여야 한다. 또한 그 도시의 시민들의 생각과 사상을 담아내야 한다. 일부 행정가의 생각은 위험하다. 도시브랜드는 공통분모를 통한 공유성이 무엇보다도 중요하다. 마지막으로 도시브랜드는 오래 지속되어야 한다. 기업과 같이 빠르게 움직이는 조직은 융통성은 많지만 신뢰를 주기 힘들다. 특히 안정성을 바탕으로 하는 도시브랜드는 무엇보다도 안정성을 바탕으로 만들어져야 한다. 기업과 달리 도시는 조직이 복잡하고 파급속도가 상황에 따라서 매우 다르기 때문이다. 도시브랜드는 이제 새로운 전환기를 맞이하고 있으며 새로운 아이디어를 희망하고 있다.
도시브랜드와 한 쌍을 이루는 것이 도시마케팅이다. 민간부분에서는 다양한 마케팅 기법이 개발되어 사용되고 있다. 이제 도시도 그 도시에 적합한 마케팅기법을 개발하여야 한다. 서울마케팅, 부산마케팅, 런던마케팅이 생겨야 한다. 마케팅은 이제 문화를 기반으로 한 마케팅이 가장 많다. 도시도 마찬가지이다. 문화와 관련된 도시마케팅이 주류를 이룰 것이다. 현대도시의 도시경영자와 도시기획가들은 이제 마케팅 부문과 공동으로 일을 해야 한다. 도시는 이제 상품이며 보이지 않는 감동을 시민과 고객에게 느끼게 해주어야 한다. 도시디자인 프로젝트의 궁극적인 목표는 도시브랜드를 구축하고 도시마케팅을 위한 기본재료로 사용되는 것이다. 또한 도시디자인 프로젝트는 도시민들의 복지와 삶의 수준을 높이기 위한 방향으로 기획되어야 한다.

참고문헌

•권영걸, 공간디자인 16강, 도서출판 국제, 2001
•김민주 외, 컬덕시대의 문화마케팅, 미래의 창, 2005
•이정형, 도시재생과 경관만들기, 발언, 2007
•이명천 외, 문화콘텐츠 마케팅, 커뮤니케이션북스, 2006
•미쓰나가 야쓰미스, 도시계획의 신조류, 한울 아카데미, 2006
•번트 슈미트, 체험마케팅, 세종서적, 2002
•부르노 프레이, 문화예술경제학, 시그마프레스, 2007
•존 나이스비트, 메가트렌드 2000, 한국경제신문사, 1990

도시는 언어와 비슷하다. 생명성, 역사성, 자의성을 가지고 있다. 도시는 매일 태어나고 있으며 노화되고 타락한 도시는 퇴화한다. 도시는 저마다의 고유의 이름과 문화를 가지고 있다. 우리는 그 개성 때문에 저마다 도시의 이름을 달리 부른다. 따뜻할 온(溫)자가 붙어있는 도시는 온천이 나오거나 물이 풍부한 도시이다. 독일에서도 바덴(baden)이 들어있는 도시는 온천의 도시이다. 도시에 이름을 하나 붙이는 데에도 깊은 성찰이 있었다.
도시에 하는 모든 행위는 디자인과 결부되어 있다. 왜냐하면 그만큼 디자인분야가 확대되었다는 것을 의미한다. 도시에 이름을 붙이는 것도 디자인 분야이다. 도시브랜딩이나 마케팅이다 하여 도시의 역사를 조사하고, 발음을 조사하고 의미를 조사하여 가장 적합한 이름을 붙인다. 사람처럼 이름을 개명하기도 한다. 잘못된 도시의 이름은 운명을 달리하기 때문이다. 도시도 사주팔자(四柱八字)를 가지고 있다.
도시는 자연과 오픈스페이스의 중요성을 인식하고 있다. 도시는 문명화 될수록 첨단의 이미지를 가지고 있었다. 스페이스오디세이, 스타워즈, 매트릭스, 마이너리티 리포트 등의 영화를 보면 금속성이 강한 차가운 도시가 그려진다. 그러나 미래의 도시는 이러한 사이버펑크 계열의 영화처럼 차가운 미래가 아니라 생태적으로 건강한 도시가 될 것이다. 좋은 도시는 자연으로 치장할 것이다. 자연은 가장 훌륭한 건축재이며 가장 화려한 장식품이다. 이제 도시의 고민은 어떻게 도시인들을 산과 물로 회귀시키는 장치를 만드냐는 것이다. 신은 자연과 인간을 창조하였고, 인간은 도시를 창조하였다. 그러나 인간은 신으로부터 아름다워지는 원리를 배웠다. 가장 자연스러운 도시가 아름다운 도시라는 것을 깨닫게 된 것이다.
도시는 인간적인 커뮤니티가 성장하는 곳이다. 뉴어바니즘 운동의 내용을 살펴보면 사람들이 걸을 수 있는 공간이어야 하고, 어린이부터 노인까지 다양한 계층이 살아야 하며, 자연과 가깝고, 자동차로부터 보호받을 수 있는 도시여야 한다는 것이다. 바로 20세기가 알려준 귀중한 교훈이다. 우리 바로 위의 세대들은 발전의 논리에 자연과 여유를 멀리하였다. 그리고 속도중독에 걸려서 더 이상 느림에 대한 미학을 가지지 못하였다. 고독한 군중이라는 말은 20세기의 전형적인 도시인을 가리키는 말이다. 인터넷이 발달하면서 커뮤니티는 매우 빠르게 성장하였다. 오히려 멀리 있는 사람들의 속마음을 더욱 심층적으로 알게 되었다. 물론 악성 댓글이나 사이버테러는 더욱 무섭게 인간성을 파괴하지만 그래도 인간의 내면을 중심으로 한 도시가 형성된 것이다. 사이버공간은 또 다른 도시이며 인간 커뮤니티 공간이다.

미래 도시의 거리는 지금과는 다른 공간으로 변화될 것이다. 길은 역사적으로 이동의 공간이었다. 그러나 그것을 심층적으로 살펴보면 이동만 한 것이 아니다 공자는 길을 셋이 가면 한명은 자신의 스승이 될만한 사람이 있다고 하였다. 길은 스승의 장소이며, 연인들의 데이트 장소이며, 시험 보러 가는 학생들의 마음을 가라앉히는 장소이다. 거리는 큰 힘을 가지고 있다. 20세기의 상업적인 거리는 이제 새로운 장소성을 개발해야할 숙제를 가지고 있다. 사이버공간은 절대적인 장소에 대한 개념을 파괴하였다. 목 좋은 서점보다 인터넷 서점이 더 많은 책을 판다. 상업적 거리는 이제 문화적 거리로 변모할 것이다. 우리가 지금 이야기 하는 문화라고 하는 것은 문화의 일부이다. 단순한 공연이 문화는 아니다. 21세기 거리의 새로운 패러다임은 상업성을 극복한 문화화이다. 이제 20세기를 거친 사람들은 맛있는 음식을 먹기 위해 골목을 들어갈 수 있는 여유를 갖게 되었으며, 자동차를 집에 두고 가는 여유도 갖게 되었다.

도시공간과 건축물은 변화를 필연적으로 받아들여야 한다. 여기서 말하는 변화란 자기의 모습을 달리하는 변화이다. 지하철역이 미술관으로 바뀌고, 발전소가 박물관으로 전환되었다. 운동장이 디자인공간으로 변화하였다. 정수장이 공원으로 바뀌기도 하였다. 그러나 거기에서 우리가 잃지 않으려는 것은 추억이다. 동대문운동장을 기억하기 위해 라이터를 남겨두었다. 청계천을 기억하기 위해 교각을 남겨두었다. 역사적인 지층이 많은 도시일수록 변화하기 힘들다. 그러나 변화의 시기를 놓치며 퇴화하고 만다. 도시는 추억을 존중하고 변화를 두려워하지 말아야 한다. 내가 좋아하는 도시는 추억을 사랑하면서 살짝 살짝 변화를 보이는 도시이다.

도시가 유명해지기 위해 노력하는 것보다 도시는 성숙해져야 한다. 도시공간은 도시인의 성품을 형성하는데 영향을 준다. 도시인의 인위적인 도시 만들기는 매우 위험하다. 그것은 하나의 계기를 마련할 뿐이다. 한 도시가 새롭게 변화하기 위해서는 도인들의 집결된 의지가 필요한 것이다. 경관법은 도시인들의 합의를 끌어내기 위한 법이다. 그러나 더욱 좋은 것은 도시를 사랑하는 사람들의 진실 된 마음의 결집이 좋은 도시를 만든다.

도시디자인 프로젝트
The Projects of Urban Design

2008년 10월 1일 인쇄
2008년 10월 10일 발행

저 자_최인규
발행인_김기현
발행처_시공문화사(Spacetime)
등 록_1993년 3월 12일 제 1-1493호
인 쇄_우성사
제 본_문종문화사
용 지_(주)대림지업사

우 편_120-796
주 소_서울시 서대문구 현저동 200번지 극동빌딩 5층
전 화_02)3147-1212 · 2323
팩 스_02)3147-2626
spacetime@korea.com
www.spacetime.co.kr

ISBN_978-89-5592-110-6

정가 6,800원